Hans-Jürgen Holland
Uwe Bernhardt

Excel für Techniker und Ingenieure

Hans-Jürgen Holland
Uwe Bernhardt

Excel für Techniker und Ingenieure

Eine grundlegende Einführung
am Beispiel technischer Problemstellungen

3., überarbeitete und erweiterte Auflage

1. Auflage 1994
2., überarbeitete und erweiterte Auflage 1996
3., überarbeitete und erweiterte Auflage 1998

http://www.vieweg.de

Gedruckt auf säurefreiem Papier

ISBN 978-3-528-25478-0   ISBN 978-3-322-90261-0 (eBook)
DOI 10.1007/978-3-322-90261-0

Vorwort

Der Taschenrechner ist heute für jeden Ingenieur ein Handwerkszeug, das aus der täglichen Praxis nicht mehr wegzudenken ist. Er leistet gute Dienste bei allen anfallenden einfachen Berechnungsproblemen, ist jederzeit griffbereit und ohne große Einarbeitung zu bedienen. Werden Berechnungsgänge häufig wiederholt, kann es sich lohnen, für den Taschenrechner ein Programm zu schreiben. Allerdings geht das nicht ohne Einarbeitung. Deshalb bleibt es oft nur bei dem guten Vorsatz, das irgendwann einmal zu machen.

Für solche Fälle bietet es sich an, ein Tabellenkalkulationsprogramm zu benutzen. Hat man sich mit den sehr einfach zu erlernenden Grundtechniken vertraut gemacht, wird man sehr schnell feststellen, daß ein solches Programm noch viel mehr bietet, als ein sehr gutes, mit viel Aufwand erstelltes Programm für den Taschenrechner. Natürlich ist der PC heute noch nicht überall so verfügbar wie der Taschenrechner, an Ingenieurarbeitsplätzen gehört er aber mehr und mehr zur selbstverständlichen Ausrüstung. In nicht allzuferner Zukunft wird PC-Leistung zu erschwinglichen Preisen in Taschenrechnerformat zur Verfügung stehen, so daß auch dieses Problem der Vergangenheit angehören wird.

Das vorliegende Buch ist aus den Erfahrungen mit der Anwendung von Tabellenkalkulationsprogrammen in der Ausbildung von Maschinenbauingenieuren entstanden. Charakteristisch für die Berechnungstätigkeiten in der Ingenieurausbildung sind häufig wiederkehrende, u. U. langwierige und damit fehleranfällige Berechnungen von Maschinenteilen, physikalischen Zusammenhängen, Optimierungen oder Versuchsauswertungen. Dafür bieten sich Tabellenkalkulationsprogramme an. Wer Textverarbeitungsprogramme nutzt und mit der grundsätzlichen Handhabung der Windowsfunktionen vertraut ist, bringt damit die besten Voraussetzungen mit, auch Berechnungen mit einem der für Windows angebotenen Tabellenkalkulationsprogramme durchzuführen.

Mit diesem Buch wollen wir allen, die häufig mit ingenieurmäßigen Berechnungsproblemen zu tun haben, einen Leitfaden an die Hand geben, der es ihnen ermöglicht, in kurzer Zeit die wesentlichen Funktionen von Microsoft Excel, dem verbreitetsten Tabellenkalkulationsprogramm, kennenzulernen. Wir haben dem Buch ein durchgehendes Beispiel zugrunde gelegt. Es ist eine Problemstellung aus dem Maschinenbau, was aber nicht heißt, daß nicht auch andere Disziplinen nach dem Studium der Lektionen Ihre Aufgabenstellungen genau so gut mit Excel lösen können.

Die Übungen basieren auf der Version Microsoft Excel 97. Da wir uns aber bei den meisten Problemstellungen auf die Grundlagen der Anwendung von Tabellenkalkulationsprogrammen beschränkt haben, kann man auch mit den Versionen Excel 7 oder 5 arbeiten. Vielleicht müssen Sie dann aber ab und zu die Online-Hilfe benutzen, um zu erfahren, wie sie verfahren müssen, um das Übungsziel zu erreichen. Auch zu diesen Versionen finden Sie in diesem Buch Hinweise, die Ihnen weiterhelfen.

Die Resonanz auf die ersten beiden Auflagen hat uns gezeigt, daß das Büchlein eine Marktlücke abgedeckt hat. Die dritte Auflage ist deshalb im wesentlichen bis auf die Anpassung an die Excel 97 unverändert geblieben. Ergänzt haben wir ein Kapitel, das das Einlesen und Bearbeiten externer Dateien beschreibt.

Wir wünschen bei der Eroberung des Neulands viel Spaß! Für Anregungen und Verbesserungsvorschläge sind wir sehr dankbar.

Rüsselsheim, Januar 1998

Hans-Jürgen Holland und Uwe Bernhardt

Inhaltsverzeichnis

1 Zu diesem Buch

Wenn Sie die meist sehr dicken Bücher zu Microsoft Excel sehen, dürfte Ihnen klar sein, was dieses Buch nicht ist: es ist kein Nachschlagewerk für alle Funktionen von Excel!

Wir wollen Sie vielmehr mit diesem Buch in wenigen Lektionen in die wesentlichen Funktionen einführen, die es Ihnen ermöglichen, ingenieurmäßige Problemstellungen mit Excel zu bearbeiten. Sie werden dabei lernen, wie Sie

- eine Berechnungstabelle erstellen,

- Eingabewerte ändern und damit Varianten berechnen,

- Tabellen formatieren und drucken,

- den Zelladressen Variablennamen geben, um ingenieurmäßig rechnen zu können,

- Datenlisten erstellen oder einlesen und die Datenbankfunktionen nutzen,

- Diagramme erstellen und formatieren,

- mit Makros arbeiten,

- benutzerdefinierte Funktionen erstellen, diese und andere Funktionen benutzen und

- „was-wäre-wenn"-Analysen durchführen.

Die Lektionen sind so aufgebaut, daß Sie mit den einfachen, allgemein verwendbaren Funktionen beginnen und mit jeder Lektion immer tiefer in die vielfältigen Möglichkeiten von Excel einsteigen. Dabei entscheiden Sie selbst, an welcher Stelle Sie aufhören, weil Sie das Gefühl haben, daß Sie erst einmal Routine erwerben wollen, bevor Sie weitergehen. Für die Alltagsarbeit reichen die ersten sieben, sowie Teile des 9. und 11. Kapitels aus. Kapitel 8 und 10 befassen sich mit Dingen, die Sie verwenden werden, wenn Sie sehr viel mit Excel arbeiten. Wir weisen Sie in jeder Lektion auf die Excel Hilfen hin, mit denen Sie sich für die Lektion vorbereiten oder das Erlernte vertiefen können.

Microsoft liefert für Excel 97 wie schon für Excel 7 kein umfangreiches Handbuch mehr aus, wie es noch für die Version 5.0 der Fall war. Der Anwender soll vielmehr durch sogenannte IntelliSense-Funktionen, wie z.B. den Hilfe-Assistenten, noch leichter und intuitiver Tabellen erstellen können.

Sie können dieses Buch auch für die Versionen **Excel 5.0** und **7.0** nutzen. Die Bilder, die sie in jedem Kapitel sehen, zeigen jedoch die Version Excel 97. Gegenüber der Version 7 hat sich das äußere Erscheinungsbild geringfügig geändert. Lediglich bei den Diagramm- und Funktionsassistenten müssen Sie u.U. die entsprechenden Hilfen benutzen, wenn Sie mit Excel 5 oder 7 arbeiten.

1.1   Was sollten Sie schon können?

Wir gehen davon aus, daß Sie, bevor Sie sich an Excel heranwagen, Grundkenntnisse im Umgang mit der Benutzungsoberfläche von Windows 95 oder NT haben. Sollten Ihnen bereits beim Installieren von Excel Bedenken kommen, empfehlen wir Ihnen, das Windows-Tutorium durchzuarbeiten, das Sie in den Windows-Hilfe finden. Sie tun sich mit Excel natürlich sehr viel leichter, wenn Sie bereits über Erfahrungen mit einem anderen Windows-Programm, z. B. einem Textverarbeitungsprogramm, haben.

1.2   Wie benutzen Sie das Buch?

Nachdem Sie das Übungsbeispiel kennengelernt haben, das Sie durch alle Lektionen begleitet und (eventuell mit Hilfe der Anweisungen dieses Buches) Excel erfolgreich auf ihrem Rechner installiert haben oder das installierte Excel nutzen können, steht den praktischen ersten Schritten nichts mehr im Wege.

Jede Lektion ist durch Überschriften, Bilder und Bemerkungen in der Randspalte so gegliedert, daß Sie sich beim späteren Suchen leicht orientieren können. Außerdem gibt es in jeder Lektion Hinweise, wo Sie weitere Informationen zu dem behandelten Inhalt finden. Die „weiteren Informationen" beziehen sich auf die Versionen Excel 5 und 7.

Neben dem erklärenden Text und den Bildern des aktuellen Bildschirminhalts enthalten die Lektionen auch Aufforderungen zur Eingabe. Diese Eingabeaufforderungen sind durch einen Hinweis in der Randspalte gekennzeichnet. Ein Beispiel:

Benennen Sie folgende Zellen mit

Zelle B19; Berechnungsbereich,

Zelle B20; D [mm]

Die Ergebnisse Ihrer Aktionen können Sie mit den jeweils angezeigten Bildschirmausschnitten vergleichen. Sollten Berechnungsergebnisse nicht übereinstimmen, haben Sie mit Sicherheit Fehler beim Eingeben der Werte oder der Formel gemacht.

2 Das Demobeispiel: Federberechnung

Bevor Sie sich in Excel „stürzen", müssen Sie kennenlernen, was Sie eigentlich in den zahlreichen Lektionen berechnen sollen. Erschrecken Sie nicht, wenn Sie nichts von Maschinenbau und schon gar nichts von Federberechnungen verstehen. Alle notwendigen Formeln und Werte werden angegeben oder in Form von Tabellen oder Diagrammen zur Verfügung gestellt. Ähnlichkeiten zu eigenen Problemstellungen werden Sie damit sehr schnell erkennen.

Sollte Sie aber der fachliche Teil der Aufgabenstellung interessieren, empfehlen wir Ihnen, z.B. in Roloff/Matek „Maschinenelemente", Kap. 10^1 nachzulesen.

Übungsbeispiel: *Auslegung und Berechnung einer Schraubendruckfeder.*

Das in Bild 2-1 abgebildete Sicherheitsventil wird am Ventilteller mit dem Durchmesser $d_i = 20$ mm bei Normalbetrieb mit einem Druck von $p_1 = 10$ bar beaufschlagt. Bei Druckanstieg öffnet das Ventil durch Nachgeben der Druckfeder. Der maximale Öffnungshub beträgt dabei 2,5 mm, wobei der Druck auf etwa 11 bar ansteigt.

Für diese Betriebsbedingungen ist eine geeignete Schraubendruckfeder aus rundem Draht auszulegen, wobei aufgrund der Bauraumbeschränkungen der Außendurchmesser D_e nicht größer als 35 mm sein darf und die vorgespannte Länge L_1 so klein wie möglich werden soll. Da das Ventil häufig öffnet, muß die Feder dauerfest ausgelegt werden.

---

[1]   Roloff/Matek: Maschinenelemente, 13.Auflage 1994, Fr. Vieweg-Verlag, Braunschweig/Wiesbaden

Bild 2-1:
Sicherheitsventil

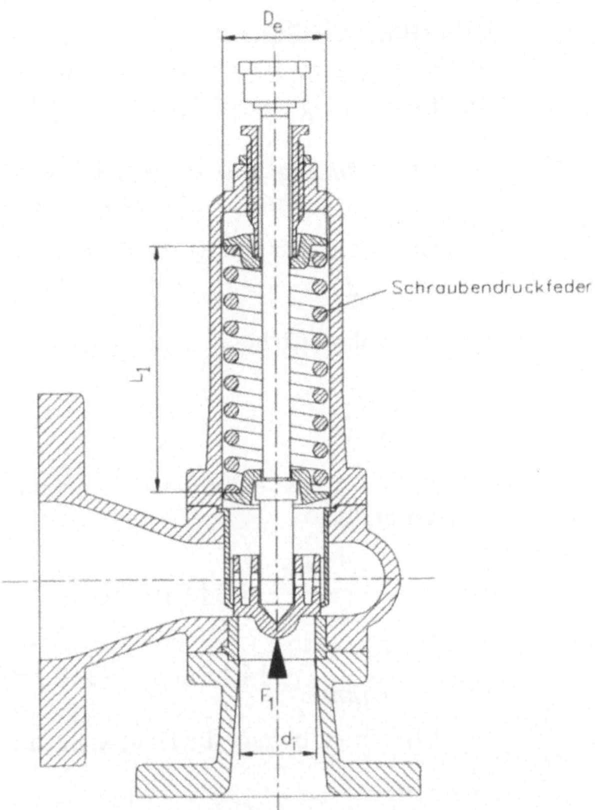

Im einzelnen sind dazu folgende Rechenschritte notwendig:

1. Berechnung der auftretenden Kräfte F_1 bei Normalbetrieb und F_2 bei Überdruck

2. Wahl eines geeigneten Drahtdurchmessers nach DIN

3. Berechnung und Festlegung der Anzahl der federnden Windungen, der Federrate und der tatsächlichen Kräfte

4. Nachweis der Dauerfestigkeit

5. Berechnung der Federlängen

6. Blockspannungsnachweis

7. Nachweis der Knicksicherheit

8. Federkennlinie

2.1 Die Federberechnung

Nachfolgend finden Sie die detaillierten Rechenschritte für die Berechnung einer Schraubendruckfeder wieder.

1. Berechnung der auftretenden Kräfte F_1 bei Normalbetrieb und F_2 bei Überdruck

Bei Normalbetrieb beträgt die Federkraft

$$F_1 = p_1 \cdot A$$

mit der Kolbenfläche

$$A = \frac{\pi \cdot d_i^2}{4}$$

Druck p_1 = 10 bar = 1N/mm² ; Durchmesser d_i = 20 mm eingesetzt ergibt

$$A = \frac{\pi \cdot 20^2 \; mm^2}{4} = 314{,}16 \; mm^2$$

$$F_1 = 1 \, \frac{N}{mm^2} \cdot 314{,}16 \; mm^2 = 314{,}16 \; N$$

Bei Überdruck beträgt die Federkraft ca.:

$$F_2 = p_2 \cdot A$$

Dabei hängt der Genauwert davon ab, welche Kraft sich bei dem vorgegebenen Hub s_h = 2,5 mm aufgrund der Federrate einstellt. Deshalb wird F_2 als vorläufiger Wert angenommen mit:

$$F_{2\,vor} = 1{,}1 \, \frac{N}{mm^2} \cdot 314{,}16 \; mm^2 = 345{,}58 \; N$$

2. Wahl eines geeigneten Drahtdurchmessers nach DIN

Nach Roloff/Matek läßt sich für die für diesen Fall geeigneten Drahtsorten der Drahtdurchmesser vordimensionieren mit:

$$d_{vor} \cong 0{,}16 \cdot \sqrt[3]{F \cdot D_e}$$

Dabei ist für F = F_{2vor} als maximale Kraft und der Außendurchmesser D_e = 35 mm zu setzen.

$$d_{vor} \cong 0,16 \cdot \sqrt[3]{345,58 \cdot 35} = 3,673 \, mm$$

Ein geeigneter Normdrahtdurchmesser ist nach DIN 2076 (siehe Anhang):

d = 3,6 mm

3. Berechnung der notwendigen Federrate und Festlegung der Anzahl der federnden Windungen, der Federrate und der tatsächlichen Kräfte

Die notwendige Anzahl der federnden Windungen beträgt

$$n' = \frac{G}{8} \cdot \frac{d^4 \cdot s_h}{D^3 \cdot \Delta F}$$

mit dem Gleitmodul G = 81500 N/mm^2

und dem mittleren Windungsdurchmesser

$$D = D_e - d = 35 \, mm - 3,6 \, mm = 31,4 \, mm$$

und der Kraftänderung

$$\Delta F_{vor} = F_{2vor} - F_1 = 345,58 \, N - 314,16 \, N = 31,42 \, N$$

$$n' = \frac{81500 \, N/mm^2}{8} \cdot \frac{3,6^4 \, mm^4 \cdot 2,5 \, mm}{31,4^3 \, mm^3 \cdot 31,42 \, N} - 4,39$$

Festgelegt wird eine Anzahl der federnden Windungen von

n = 4,5

Bei kaltgeformten Druckfedern beträgt die Gesamtzahl der Windungen

$$n_T = n + 2$$

$$n_T = 4,5 + 2 = 6,5$$

Mit dieser Festlegung können die tatsächliche Federrate R, die Kraftänderung ΔF und die Maximalkraft F_2 berechnet werden:

Federrate:

$$R = \frac{G}{8} \cdot \frac{d^4}{D^3 \cdot n}$$

$$R = \frac{81500 \; N/mm^2}{8} \cdot \frac{3,6^4 \; mm^4}{31,4^3 \; mm^3 \cdot 4,5} = 12,28 \; \frac{N}{mm}$$

Kraftänderung:

$$\Delta F = R \cdot s_h$$

$$\Delta F = 12,28 \; \frac{N}{mm} \cdot 2,5 \; mm = 30,71 \; N$$

Maximalkraft:

$$F_2 = F_1 + \Delta F$$

$$F_2 = 314,16 \; N + 30,71 \; N = 344,87 \; N$$

4.   Nachweis der Dauerfestigkeit

Zum Nachweis der Dauerfestigkeit ist zu überprüfen, ob die vorhandene Oberspannung τ_{ko} und Hubspannung τ_{kh} unterhalb der Grenzwerte liegen. Die Grenzwerte sind aus den Dauerfestigkeitsschaubildern (Goodman-Diagrammen) (siehe Anhang) zu entnehmen.

Dabei sieht man, daß sowohl die ertragbare Oberspannung τ_{kO} als auch die Hubspannung τ_{kU} von der vorhandenen Unterspannung τ_{ku} abhängen.

Die Spannungen bei dynamischer Belastung berechnen sich aus

$$\tau_k = \frac{k \cdot 8 \cdot D \cdot F}{\pi \cdot d^3}$$

wobei für die Unterspannung F_1, für die Oberspannung F_2 und für die Hubspannung ΔF zu setzen ist.

Der Spannungsbeiwert k berechnet sich aus

$$k = \frac{w + 0,5}{w - 0,75}$$

mit w, dem Wickelverhältnis

$$w = \frac{D}{d}$$

$$w = \frac{31,4\ mm}{3,6\ mm} = 8,72 \text{ und } k = 1,157$$

Damit berechnen sich

die Unterspannung

$$\tau_{ku} = \frac{1,157 \cdot 8 \cdot 31,4\ mm \cdot 314,16\ N}{\pi \cdot 3,6^3\ mm^3} = 622,8\ \frac{N}{mm^2}$$

die Oberspannung

$$\tau_{ko} = \frac{1,157 \cdot 8 \cdot 31,4\ mm \cdot 344,87\ N}{\pi \cdot 3,6^3\ mm^3} = 687,7\ \frac{N}{mm^2}$$

Die Hubspannung

$$\tau_{kh} = \frac{1,157 \cdot 8 \cdot 31,4\ mm \cdot 30,71\ N}{\pi \cdot 3,6^3\ mm^3} = 60,9\ \frac{N}{mm^2}$$

Für das Dauerfestigkeitsschaubild wird

$$\tau_{kU} = \tau_{ku} \cong 623\ N/mm^2 \text{ zugrunde gelegt.}$$

Für Federdraht C, der für diesen Fall gewählt werden kann, läßt sich für $\tau_{kU} = 623$ N/mm² eine Oberspannung von $\tau_{kO} \approx 880$ N/mm² ablesen.

Die ertragbare Hubspannung τ_{kU} ist somit

$$\tau_{kH} = \tau_{kO} - \tau_{kU} = 880\ N/mm^2 - 623\ N/mm^2 = 257\ N/m$$

Die vorhandenen Hub- und Oberspannungen sind somit kleiner als die ertragbaren Spannungen.

Die Sicherheit gegen Dauerbruch berechnet sich zu

$$S = \frac{\tau_{kH}}{\tau_{kh}} = \frac{257 \, N/mm^2}{60,9 \, N/mm^2} = 4,2$$

5. Berechnung der Federlängen

Die Blocklänge L_c wird erreicht, wenn alle Windungen aufeinanderliegen.

$$L_c = n_T \cdot d$$

$$L_c = 6,5 \cdot 3,6 = 23,4 \, mm$$

Die Mindestabstände bei dynamischer Beanspruchung berechnet sich aus

$$S_a' = 1,5 \cdot \left[0,0015 \cdot \frac{D^2}{d} + 0,1 \cdot d \right] \cdot n$$

$$S_a' = 1,5 \cdot \left[0,0015 \cdot \frac{31,4^2 \, mm^2}{3,6 \, mm} + 0,1 \cdot 3,6 \, mm \right] \cdot 4,5 = 5,2 \, mm$$

Die kleinste zulässige Federlänge L_n muß somit sein

$$L_n = L_c + S_a'$$

$$L_n = 23,4 \, mm + 5,2 \, mm = 28,6 \, mm$$

Diese Federlänge wird bei der größten auftretenden Kraft F_2 erreicht! Deshalb ist $L_2 = L_n$.

Die Einbaulänge L_1 bei Vorspannung auf F_1 ergibt sich aus L_2 und dem Hub s_h mit

$$L_1 = L_2 + s_h$$

$$L_1 = 28,6 \, mm + 2,5 \, mm = 31,1 \, mm$$

Die Länge der unbelasteten Feder L_0 wird erreicht, wenn zu L_1 der zum Einstellen der Vorspannung erforderliche Weg s_1 zurückgelegt ist:

$$L_0 = L_1 + s_1$$

Dabei ergeben sich s_1 und L_0 aus

$$s_1 = \frac{F_1}{R}$$

$$s_1 = \frac{314{,}16\ N}{12{,}28\ N/mm} = 25{,}6\ mm$$

$$L_0 = 31{,}1\ mm + 25{,}6\ mm = 56{,}7\ mm$$

6. *Blockspannungsnachweis*

Bei Erreichen der Blocklänge darf die zulässige Schubspannung nicht überschritten werden, um plastische Verformungen zu vermeiden. Die dabei auftretende Schubspannung τ_C beträgt

$$\tau_c = \frac{8 \cdot D \cdot F_c}{\pi \cdot d^3}$$

wobei sich die Blockkraft F_C aus dem Hub bei Erreichen der Blocklänge ergibt

$$F_c = R \cdot s_c$$

mit $s_c = L_0 - L_c$

$$s_c = 56{,}7\ mm - 23{,}4\ mm = 33{,}3\ mm$$

$$F_c = 12{,}28\ N/mm \cdot 33{,}3\ mm - 409\ N$$

$$\tau_c = \frac{8 \cdot 31{,}4\ mm \cdot 409\ N}{\pi \cdot 3{,}6^3\ mm^3} = 701\ \frac{N}{mm^2}$$

Für kaltgeformte Federn ist

$$\tau_{czul} \approx 0{,}56 \cdot R_m$$

Der Mindestzugfestigkeitswert für R_m für den gewählten Draht beträgt (laut Tabellen im Anhang)

$$R_m = 1770 \, N/mm^2$$

Damit ist $\tau_{czul} \approx 0{,}56 \cdot 1770 \, N/mm^2 = 991 \, N/mm^2$

Damit ist die vorhandene Schubspannung bei Blocksetzen geringer als die zulässige Blockspannung.

7.   *Nachweis der Knicksicherheit*

Die Beurteilung der Knicksicherheit erfolgt nach dem Diagramm „theoretische Knicksicherheit von Schraubendruckfedern" nach DIN 2089, Teil 1, das sich im Anhang befindet.

Die Knicksicherheit wird danach beurteilt anhand des Schlankheitsgrads $\dfrac{L_0}{D}$ unter Berücksichtigung der Federendenauflage (berücksichtigt durch den Lagerungsbeiwert v) und der relativen Einfederung $\dfrac{s}{L_0}$.

Lagerungsbeiwert für beidseitig starre Auflage $v = 0{,}5$

damit „Schlankheitsgrad" $v \cdot \dfrac{L_0}{D} = \dfrac{0{,}5 \cdot 56{,}7 \, mm}{31{,}4 \, mm} = 0{,}9$

Relative Einfederung $\dfrac{s_2}{L_0}$ bei Belastung mit der Maximallast F_2 mit

$$s_2 = L_0 - L_2$$

$$s_2 = 56{,}7 \, mm - 28{,}6 \, mm = 28{,}1 \, mm$$

$$\frac{s_2}{L_0} = \frac{28{,}1 \, mm}{56{,}7 \, mm} = 0{,}5$$

Aus diesen Werten ergibt sich mit Hilfe des Diagramms, daß die Feder knicksicher ist!

8. *Federkennlinie*

Die Federkräfte in Abhängigkeit vom Federweg sind bekannt. Für eine Schraubendruckfeder ist die Abhängigkeit im Arbeitsbereich linear.

für $s_1 = 25{,}6$ mm   ist $F_1 = 314{,}16$ N

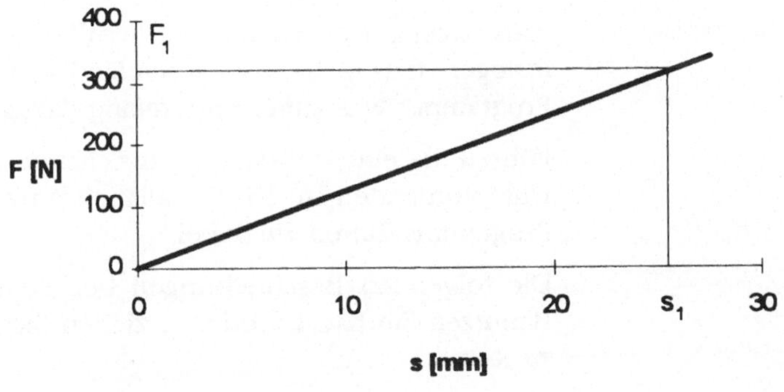

3 Einführung in Microsoft Excel

Bevor Sie mit der ersten Lektion beginnen, müssen Sie eventuell Excel installieren, starten und mit dem Excel-Bildschirm vertraut werden.

Dazu gibt Ihnen dieses Kapitel Hinweise. Außerdem wollen wir Ihnen den ersten Start mit einigen Einführungen in die Hilfe von Excel erleichtern.

3.1 Installieren und Starten

Installation

Falls Excel auf Ihrem Rechner installiert ist, können Sie sofort loslegen, falls nicht, installieren Sie Excel mit Hilfe des Setup-Programms, was zum Lieferumfang dazugehört.

Führen Sie eine vollständige Installation aus, damit auch die Hilfe vorhanden ist. Die Installationsanweisungen des Setup-Programms führen Sie dabei.

Die folgenden Beschreibungen beziehen sich auf Excel 97. Benutzen Sie Excel 5 oder 7, ziehen Sie evtl. das Handbuch zu Rate.

Starten

Nachdem das Installieren von Microsoft Excel erfolgreich abgeschlossen wurde, befindet sich in der Taskleiste unter „Programme" der in Bild 3-1 dargestellte Eintrag.

Bild 3-1:
Excel-Icon

Microsoft Excel

Mit einem Klick mit der linken Maustaste auf diese Zeile starten Sie das Programm.

3.2 Die Hilfefunktion für Excel 97

Wie jedes ordentliche Programm hat auch Excel eine umfangreiche Hilfe, die Sie jederzeit am Bildschirm aufrufen können.

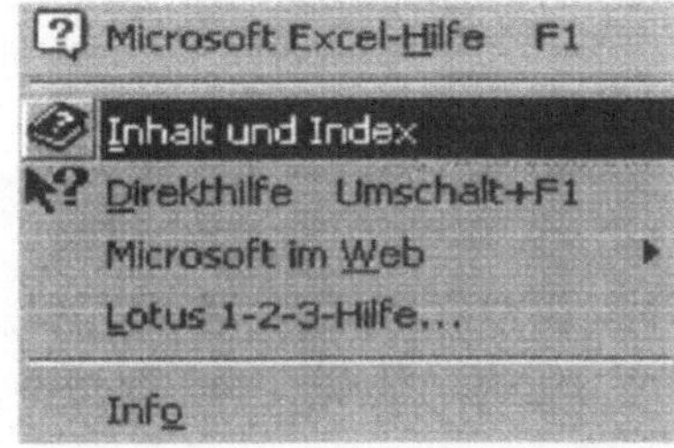

Dazu rufen Sie die Hilfe auf, indem Sie in der Menüleiste das nebenstehende Zeichen anklicken. Wählen Sie die Excel-Hilfethemen wie im Bild 3-2 dargestellt.

Bild 3-2:
Auswahl der
Hilfethemen

Es erscheint anschließend das Dialogfeld „Hilfethemen: Microsoft Excel" (Bild 3-3). Wählen Sie hier das Register „Suchen" an.

Bild 3-3:
Dialogfeld „Hilfethemen: Microsoft Excel"

Wenn Sie die Suchfunktion von Excel noch nicht benutzt haben, meldet Excel Ihnen mit dem „Assistent für die Konfiguration der Suchfunktion", daß zunächst eine Wortliste der Hilfethemen erstellt werden muß. Bei späterer Benutzung entfällt dieser Vorgang. Lassen Sie die Wortliste mit der Einstellung aus Bild 3-4 erstellen, indem Sie die Schaltfläche „Weiter" anklicken.

Bild 3-4:
Der „Assistent für die Konfiguration der Suchfunktion"

Der Assistent meldet sich anschließend noch einmal. Bestätigen Sie mit „Weiter" den Dialog um weiterzufahren.

Anmerkung

Wenn Sie das angezeigte Dialogfeld zur Seite schieben, können Sie am Bildschirm die Erstellung der Wortliste verfolgen (Bild 3-5). Beachten Sie jedoch, daß die Suchfunktion nur dann erfolgreich erstellt werden kann, wenn die aktive Anwendung das Dialogfeld „Wortliste erstellen..." ist. Klicken Sie dazu einfach nach dem Verschieben des Dialogfelds „Hilfethemen: Microsoft Excel" auf das Dialogfeld „Wortliste erstellen...".

Aus anderen Windows-Programmen kennen Sie sicherlich die nützliche Hilfe-Schaltfläche in verschiedenen Dialogfeldern. Sie zeigt Ihnen eine zum Dialogfeld passende Hilfestellung an.

Bei Excel 7.0 und 97 ist diese Schaltfläche aus dem Dialogfeld verschwunden. Statt dessen befindet sich in der Kopfzeile des Dialogfelds nebenstehendes Symbol. Mit einem Klick auf das Fragezeichen wird dem Mauszeiger ein Fragezeichen hinzugefügt. Klicken Sie nun ein Element eines Dialogfeldes an, wird ein dazugehöriger Hilfetext angezeigt.

Das Kreuz in der Kopfzeile entspricht der Schaltfläche „Abbrechen".

3.3 Der Hilfe-Assistent

Mit dem Hilfe-Assistenten ist es Ihnen möglich, durch Stellen einer Frage eine Auswahlliste an Hilfethemen zu einem speziellen Problem zu erhalten. Dies kann sehr nützlich sein, da die Hilfe in Excel 7.0 und 97 sehr umfangreich und detailliert aufgegliedert ist.

Sie starten den Hilfe-Assistenten über das Menü „?" mit dem Eintrag „Inhalt und Index" (wie für Bild 3-2).

Bild 3-6:
Der Hilfeassi-
stent

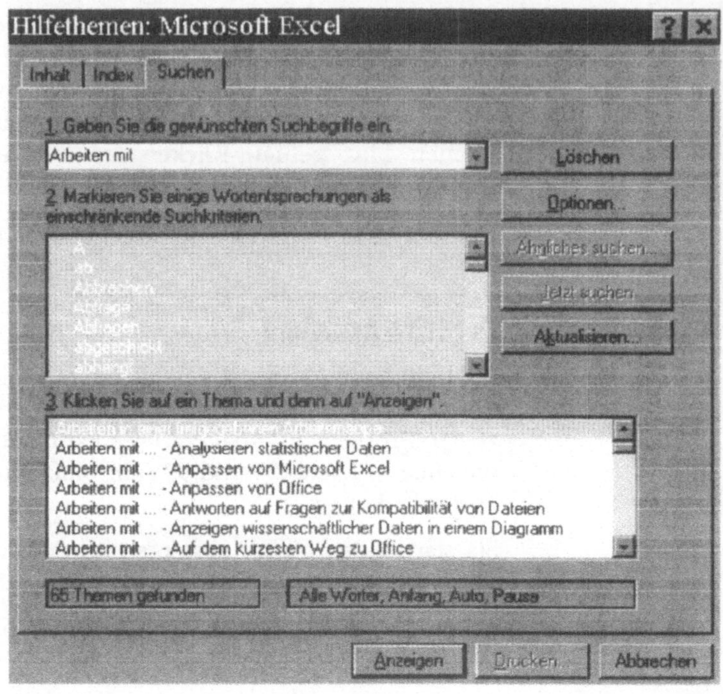

Nachdem Sie einen Suchbegriff unter 1. Eingegeben und unter 2. einige Wortentsprechungen gefunden haben, wählen Sie unter 3. ein Thema und klicken dann auf „Anzeigen".

Weitere Informationen nur in Excel 7.0 und 97

* Hilfefunktion „Inhalt", „Aufrufen der Hilfe", Thema: „Möglichkeiten zum Erhalten von Unterstützung während der Arbeit".

3.4   Der Excel-Bildschirm

Nach dem Start von Excel erscheint der Excel-Bildschirm. Da der Bildschirminhalt auf einer Seite nur schlecht vollständig dargestellt werden kann, sind die wichtigen Einzelbereiche separat abgebildet.

Bild 3-7 zeigt den oberen Ausschnitt.

Bild 3-7:
Der Excel-
Bildschirm

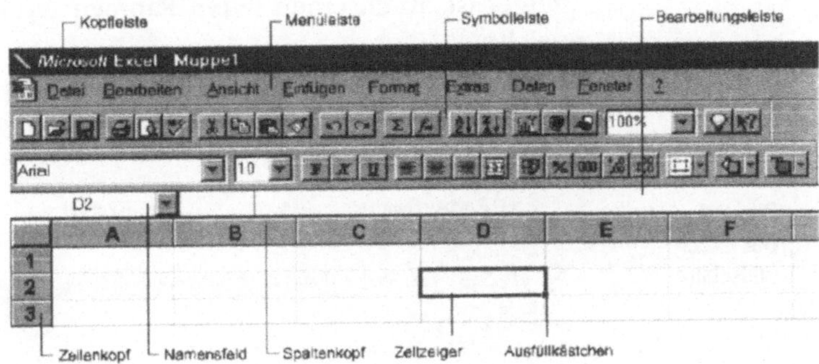

Im folgenden werden die Bildschirmbereiche von oben nach unten kurz erläutert, um Ihnen eine Orientierungshilfe für spätere Kapitel zu geben.

Die *Kopfleiste* zeigt den Namen der Anwendung und der Arbeitsmappe an.

Die *Menüleiste* beinhaltet das Hauptmenü von Excel. Hier finden Sie alle Befehle und Funktionen, die Ihnen die Arbeit mit Excel ermöglicht.

In der *Symbolleiste* sind einzelne Befehle und Funktionen der Menüleiste in Form von Icons abgelegt. Sie erlauben einen direkten Zugriff mit einem Mausklick, ohne sich durch mehrere Menüebenen durchzuarbeiten.

Das *Namensfeld* zeigt die Adresse der aktiven Zelle an. Sie können in das Feld auch die Adresse einer Zelle eingeben, die nach Drücken der ⏎-Taste angewählt werden soll. Falls Zellnamen angelegt wurden, kann aus einer Liste, die mit Hilfe des nebenstehenden Knopfes aufgeklappt wird, ein Zellname ausgewählt werden.

Die *Bearbeitungsleiste* zeigt Ihnen den Inhalt der aktiven Zelle an.

Der *Spaltenkopf* ist die Bezeichnung der Spalte.

Der *Zeilenkopf* ist die Bezeichnung der Zeile.

Der *Zellzeiger* ist die Markierung der aktiven Zelle. Der Zellzeiger ist durch einen fetten Rahmen um eine Zelle gekennzeichnet.

Das *Ausfüllkästchen* ist ein besonderes Element des Zellzeigers. Mit ihm kann man die „Auto-Ausfüll"-Funktion aktivieren.

Bild 3-8:
Der Excel-Bildschirm

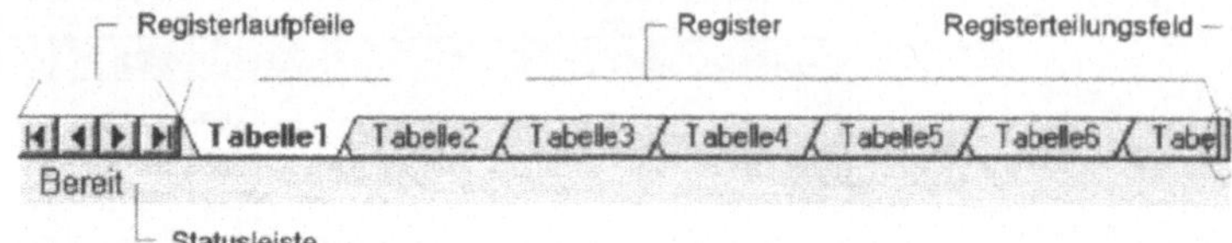

Mit den *Registerlaufpfeilen* können Sie sich durch die Blätter innerhalb der Arbeitsmappe bewegen. Die Einzelschrittasten aktiveren dabei das nächste, in Pfeilrichtung angrenzende Blatt. Mit den beiden äußeren Tasten springt man direkt an den Anfang bzw. das Ende der Datenblattliste.

Die *Register* symbolisieren die einzelnen Datenblätter innerhalb der Arbeitsmappe. Das aktive Datenblatt ist hervorgehoben.

Das *Registerteilungsfeld* grenzt die Anzeige der Register gegenüber der horizontalen Bildlaufleiste ab. Diese Marke kann bei Bedarf versetzt werden.

Die *Statuszeile* zeigt Ihnen an, in welchem Betriebszustand sich Microsoft Excel befindet.

Bild 3-9:
Der Microsoft Excel-Bildschirm

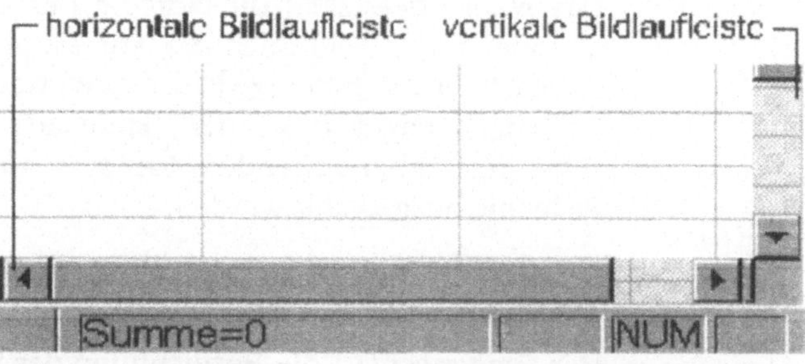

Die horizontale und vertikale *Bildlaufleisten* dienen zum verschieben des Bildschirmausschnittes in Richtung der Pfeilspitzen.

Wenn der Bildschirm nicht so erscheint wie in den Bildern 3-7 bis 3-9, können Sie, wie in Bild 3-10 angegeben, im Menü „Extras" den Eintrag „Optionen" anwählen.

Bild 3-10:
Menüaufruf

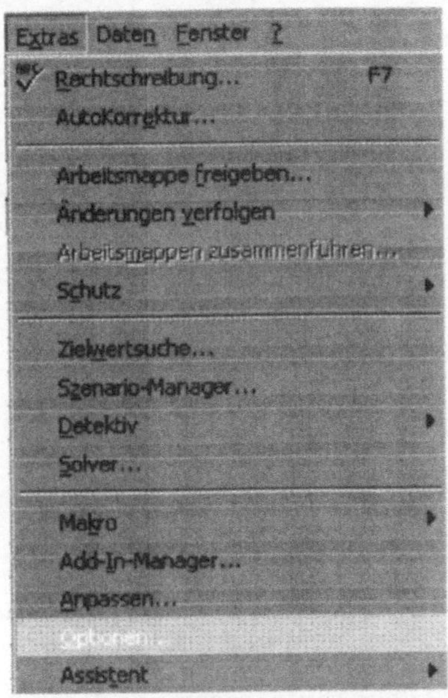

Sie rufen damit das Options-Dialogfeld (Bild 3-11) auf, mit dem Sie alle Grundeinstellungen von Microsoft Excel beeinflussen können.

Bild 3-11:
Options-Di-
alogfeld

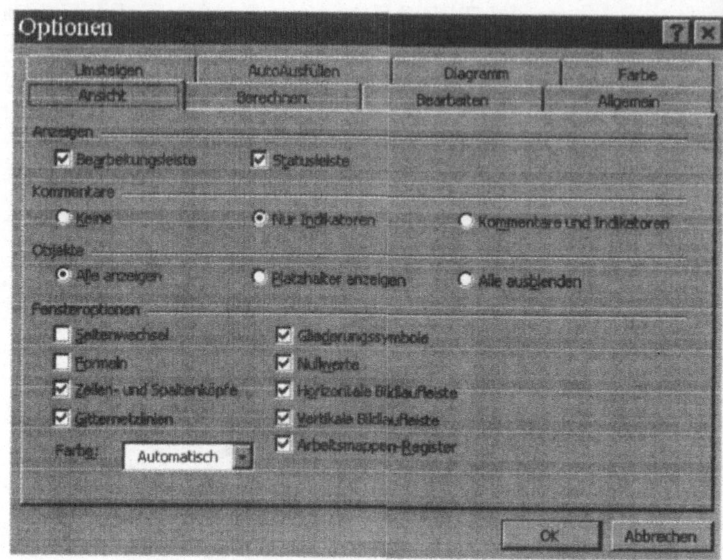

Stellen Sie die Optionen im Register „Ansicht" wie oben angezeigt ein.

Falls die Spaltenköpfe nicht mit Buchstaben sondern mit
Zahlen bezeichnet sind, stellen Sie unter dem Register „Allgemein" des Optionsdialogfeldes die Bezugsart von „Z1S1"
auf „A1" um.

Weitere Informationen in Excel 5.0

- Benutzerhandbuch Teil 1, Kapitel 1: Microsoft Excel für
  Einsteiger.

- Hilfe-Funktion „Suchen", Stichwort: Bildschirm, Teile,
  Thema: Bereiche des Microsoft Excel-Bildschirms.

Weitere Informationen in Excel 7.0 und 97: Suchbegriffe des Hilfeassistenten:

- Arbeiten mit Symbolleisten, Anleitungen zum Thema:
  Ein- oder Ausblenden von Symbolleisten.

- Arbeiten mit der Bearbeitungsleiste, Anleitungen zum
  Thema: Ein- oder Ausblenden der Bearbeitungsleiste.

- Anzeige von Zeilenköpfen, Anleitungen zum Thema: Ein- oder Ausblenden von Zeilen- und Spaltenköpfen.

- Die Markierung, Anleitungen zum Thema: Markieren von Zellen in einem Tabellenblatt.

- Das Ausfüllkästchen, Anleitungen zum Thema: Ausfüllen einer Reihe, um einen arithmetischen Trend fortzusetzen.

- Arbeiten mit Blattregister, Informationen zum Thema: Arbeitsmappen und Tabellenblätter.

- Arbeiten mit Bildlaufleisten, Anleitungen zum Thema: Ein- oder Ausblenden von Bildlaufleisten.

- Hilfefunktion „Suchen", Suchbegriff: Namensfeld, Thema: Benennen von Zellen.

Anmerkung

In den folgenden Kapiteln verzichten wir darauf, die Suchbegriffe zu nennen. Der Hilfeassistent ist so gegliedert, daß Sie sich zurechtfinden werden. Nutzen Sie die Hilfe!

3.5 Excel-Grundlagen

In diesem Kapitel werden Ihnen einige Grundbegriffe von Excel vorgestellt. Nach der Durcharbeitung haben Sie wichtige Funktionen und Eigenschaften von Excel kennengelernt, die Sie bei den folgenden Lektionen häufig benutzen werden:

- Bei Excel heißen Dateien **"Arbeitsmappen"** und bestehen aus Arbeitsblättern (Tabellen), auf die man durch ein sichtbares Register - Registerkarteikarten nachempfunden - immer leichten Zugriff hat.

- Eingaben machen Sie in die **aktive Zelle**. Dabei erscheinen die Eingaben an zwei Stellen gleichzeitig auf dem Bildschirm: in der aktiven Zelle und oberhalb des Tabellenfelds in der **Bearbeitungsleiste**. Korrekturen und Veränderungen können Sie wie bei einem Textverarbeitungsprogramm dort vornehmen, wo der Cursor blinkt. Wollen Sie einen Text korrigieren, der in einer anderen als der gerade aktiven Zelle steht, reicht es nicht aus, diese Zelle zu aktivieren. Entweder Sie machen einen Doppelklick auf die zu korrigierende Zelle oder Sie klicken nach dem Aktivieren auf die Bearbeitungsleiste, um den Cursor einzuschalten. Beachten Sie, daß der Text zu der Zelle gehört, wo er beginnt, auch wenn er darüber hinaus ragt!

- Kopieren und Einfügen von Zellinhalten erfolgt über die **Befehlsmenüs** oder über sogenannte **Shortcuts**. Mithilfe solcher Shortcuts können Sie durch Markieren und Ziehen (Drag and Drop) Zellinhalte und ganze Zellbereiche verschieben, außerdem durch Verwenden der rechten Maustaste ein Menü aufklappen, das immer die notwendigen Befehle parat hat (Kontextsensitives Menü).

- Wie nützlich die in der **Symbolleiste** angeordneten Befehle sein können, sehen Sie bei der Nutzung häufig gebrauchter Funktionen z. B. zum Berechnen und Formatieren.

- Eine **Formel** oder Gleichung beginnt immer mit einem **Gleichheitszeichen**. Wird die Eingabe der Formel durch Betätigen der ⏎-Taste abgeschlossen, erscheint in der aktiven Zelle das Ergebnis der Berechnung (falls Sie die Eingabe richtig gemacht haben).

- Beim Ziehen des **Ausfüllkästchens** wird z.B. die Gleichung auf die anderen markierten Zellen übertragen.

Um noch mehr über Excel zu erfahren, bevor Sie sich an die Übungen wagen, können Sie noch einige Hilfethemen durcharbeiten, die Sie über den Hilfeassistenten aufrufen können. Folgende Themen empfehlen wir:

- Markieren von Zellen, Markieren von Zellen in einem Tabellenblatt

- Eingeben von Daten, Eingeben von Daten in einen Zellbereich

- Formatieren einer Tabelle, Grundlegende Formatierung.

Mehr sollten Sie sich allerdings auf keinen Fall ansehen, bevor Sie nicht die ersten Lektionen erfolgreich beendet haben. Danach ist eine Wiederholung und Vertiefung vielleicht aber ganz nützlich. Also: denken Sie an diese nützliche Hilfen!

Für Excel 5-Nutzer:

Sie können zum Einstieg zwei kleine Lernprogramme benutzen, die Ihnen einen Überblick über die Grundfunktionen geben werden.

Rufen Sie die Hilfe auf, indem Sie in der Menüleiste das nebenstehende Zeichen anklicken, und wählen sie die Kurzübersicht wie im Bild 3-7 dargestellt.

Bild 3-7:
Auswahl der
Kurzübersicht

Die Kurzübersicht bietet Ihnen eine Auswahl von vier Kapiteln, von denen für Sie vorläufig nur die Kapitel „Erste Schritte" und „Sofort-Info" interessant sind, es sei denn, daß Sie schon Vorerfahrungen besitzen.

Wählen Sie das Kapitel „Erste Schritte" und folgen Sie dem Lernprogramm!

3.6 Bewegen in einem Tabellenblatt

Sie haben bereits kennengelernt, daß Sie mit der Maus jede Zelle eines Tabellenblattes aktivieren können. Darüber hinaus stehen zum Bewegen in einem Tabellenblatt die vier

Richtungstasten ⬇ ⬆ ⬅ ➡ zur Verfügung. Sie verschieben den Zellzeiger um eine Zelle in die entsprechende Richtung.

Mit den Tasten [Bild↑] und [Bild↓] blättern Sie im Tabellenblatt um eine Bildschirmseite weiter.

Die Tastenkombination [Strg]+[Ende] bringt den Zellzeiger auf die linke untere Ecke der Tabelle.

Mit [Pos 1] springen Sie an den Zeilenanfang. Drücken Sie diese Taste in Verbindung mit der [Strg]-Taste, so bewegt sich der Zellzeiger in die linke obere Ecke der Tabelle.

Werden die Richtungstasten in Verbindung mit der [Strg]-Taste eingesetzt, so bewegt sich der Zellzeiger sprunghaft zum linken oder rechten Rand des aktuellen Datenbereiches.

Weitere Informationen in Excel 7 und 97:

Suchbegriffe des Hilfeassistenten:

- Bewegungstasten; Thema: „Alternative Bewegungsarten"

Weitere Informationen in Excel 5.0

- Benutzerhandbuch Teil 2, Kapitel 7: Arbeiten in Arbeitsmappen.

- Hilfe-Funktion „Suchen", Stichwort: Bewegungstasten, Thema: Übersicht über das Bewegen in Arbeitsmappen.

- Beispiel und Demos, Stichwort: Arbeiten in Arbeitsmappen, Thema: Sich in einer Arbeitsmappe bewegen.

4 Anlegen eines Berechnungsblattes

4.1 Gestalten des Bereichs für die Eingabe

Wenn Sie eine Berechnung „von Hand" durchführen, werden Sie zuerst die Randbedingungen der Aufgabe notieren.

Das gleiche machen Sie mit Excel. Tragen Sie in die noch leere Tabelle in Zelle B2 den nachfolgenden Text ein:

Eingabe

Zelle B2; Berechnung von zylindrischen Schraubendruckfedern aus runden Drähten

Bild 4-1:
Texteintrag in
Zelle B2

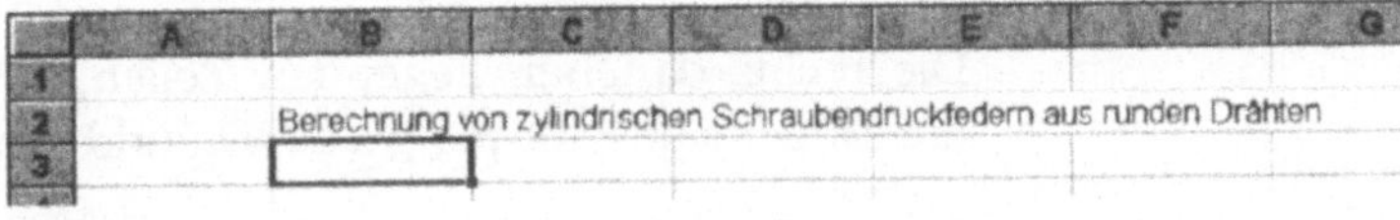

Hinweis

Beachten Sie, daß die Eingabe durch die ⏎-Taste bzw. durch Anklicken des nebenstehenden Symbols abgeschlossen werden muß.

Nach der Überschrift legen Sie Felder für die Eingabewerte an.

Bei dem Demobeispiel sind folgende Werte gegeben:

- Druck p_1
- Druck P_2
- Ventilsitzdurchmesser d_i
- Außendurchmesser D_e
- Öffnungshub s_h

Um die Eingabe dieser Werte zu ermöglichen, müssen Eingabefelder definiert werden. Aktivieren Sie die Zelle B5 und tragen Sie ein:

Eingabe

Zelle B5; Eingabewerte

In die Zellen B7 bis B11 geben Sie die in Bild 4-2 dargestellten Werte ein:

Bild 4-2:
Eingabe der
Zellen B5 bis
B11

	B
5	Eingabewerte
6	
7	p1 [bar] =
8	p2 [bar] =
9	di [mm] =
10	De [mm] =
11	sh [mm] =

Hinweis

Die eckigen Klammern erzeugen Sie, indem Sie die Taste [AltGr]+[8] bzw. [AltGr]+[9] drücken.

Die rechts daneben liegenden Zellen, C7 bis C11, nehmen die Zahlenwerte für p_1, p_2, d_i, D_e und s_h auf.

Tragen Sie die Zahlenwerte in Spalte C ein.

Bild 4-3:
Eingabe der
Zahlenwerte in
C7 bis C11

	B	C
5	Eingabewerte	
6		
7	p1 [bar] =	10
8	p2 [bar] =	11
9	di [mm] =	20
10	De [mm] =	35
11	sh [mm] =	2,5

Sie sehen, eine Berechnung mit Excel können Sie sich genauso organisieren wie eine Berechnung „von Hand". Erst werden die gegebenen Werte notiert, bevor die eigentliche Rechnung beginnt.

Anmerkung

Wie Sie sicherlich schon bemerkt haben, ist den Formelzeichen in Spalte B die Einheit direkt nachgestellt worden. Dies dient lediglich dazu, ein möglichst kompaktes Berechnungsblatt zu erzeugen. Sie können selbstverständlich auch die

Einheiten in eine extra Spalte, hier Spalte D, eintragen. Dies vergrößert allerdings die Breite um eine Spalte, was umfangreiche Berechnungen schnell unübersichtlich macht.

Weitere Informationen in Excel 5.0

- Benutzerhandbuch Teil 1, Kapitel 2: Microsoft Excel für Einsteiger.

- Benutzerhandbuch Teil 2, Kapitel 9: Eingeben von Daten.

- Hilfe-Funktion „Suchen", Stichwort: Eingeben, Daten, Thema: Möglichkeiten der Dateneingabe.

- Hilfe-Funktion „Suchen", Stichwort: Eingeben, Daten, Thema: Bearbeitungsleiste.

- Beispiele und Demos, Stichwort: Eingeben von Daten, Thema: Eingeben von Daten.

4.2 Erste Berechnungen

Um die Feder berechnen zu können, benötigen Sie noch Zwischenwerte. Diese errechnen sich aus den gegebenen Werten.

Geben Sie dazu eine Überschrift in E5 ein.

Eingabe | **Zelle E5; Zwischenberechnung**

Nehmen Sie die Texteinträge vor, wie Sie in Bild 4-4 gezeigt werden.

Bild 4-4:
Texteinträge der Zwischenberechnung

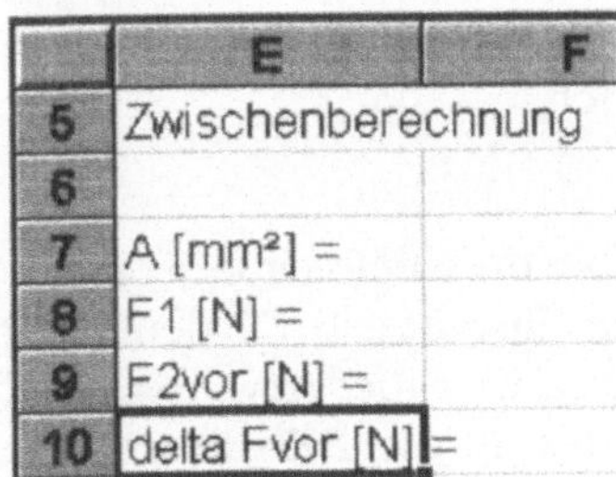

Hinweis

Den Exponenten „2" in Zelle E7 erzeugen Sie, indem Sie die Taste (AltGr) in Verbindung mit der Taste (2) drücken.

Bisher haben Sie nur Werte und Texte eingegeben. Um die druckbeaufschlagte Fläche zu berechnen, müssen Sie nun eine Formel eingeben. Die hierzu benötigte Formel lautet:

$$A = \frac{d_i^{\,2} \cdot \pi}{4}$$

Da Excel diese Schreibweise nicht unterstützt, müssen Sie diese Gleichung zuvor aufbereiten.

Formeln beginnen immer mit einem „="-Zeichen.

Als erstes müssen Sie wissen, daß alle Formeln in Excel *immer* mit einem Gleichheitszeichen beginnen. Sollten Sie bei der Eingabe einer Formel nicht zu dem gewünschten Ziel gelangen, so überprüfen Sie zuerst, ob Sie das Gleichheitszeichen am Anfang der Formel stehen haben.

Die Eingabe muß durch die (↵)-Taste bzw. durch Anklicken des nebenstehenden Symbols abgeschlossen werden.

Die eigentliche Berechnungsgleichung ist in ihrer Schreibweise identisch mit der Schreibweise bei herkömmlichen Taschenrechnern.

Die Kreiskonstante π wird in Excel durch die Funktion „PI()" repräsentiert. Die Klammern bewirken, daß die Buchstaben PI als Funktion interpretiert werden.

Bei einem Innendurchmesser von 20 mm könnte die Formel also so aussehen:

=20^2*PI()/4

Da Sie den Innendurchmesser d_i jedoch schon in der Tabelle als Variable im Eingabefeld C9 definiert haben, kann in der Formel auf diese Eingabe verwiesen werden. Dazu wird anstelle des Wertes 20 die Zelladresse, in der der Zahlenwert steht, in die Formel eingesetzt. Die Formel lautet dann:

=C9^2*PI()/4

Geben Sie diese Formel in Zelle F7 ein.

Eingabe

Zelle F7; =C9^2*PI()/4

Hinweis

Das „^"-Zeichen erzeugen Sie durch Drücken der ⊼-Taste. Das Zeichen erscheint jedoch erst dann, wenn Sie eine weitere Taste drücken. Sinnvoll ist es die ⬚-Taste zu drükken, um Sonderzeichen, wie „â", „ô", „û" und „î", zu vermeiden.

Setzten Sie die nachfolgend angeführten Gleichungen in die Excel-Schreibweise um, und vergleichen Sie die Ergebnisse mit Bild 4-5. Beachten Sie dabei, daß der Druck in „bar" gegeben ist. Für die Berechnung müssen Sie den Druck in „N/mm²" umrechnen (1bar = 0,1 N/mm²).

$$F_1 = p_1 \cdot A \qquad F_{2\,vor} = p_2 \cdot A \qquad \Delta F_{vor} = F_{2\,vor} - F_1$$

Der Eintrag in Zelle F8 lautet:

Eingabe

Zelle F8; =C7/10*F7

Der Eintrag in F9 und F10 erfolgt sinngemäß.

Bild 4-5:
Ergebnisse der Zwischenrechnung

	E	F
5	Zwischenberechnung	
6		
7	A [mm²] =	314,159265
8	F1 [N] =	314,159265
9	F2vor [N] =	345,575192
10	delta Fvor [N]	31,4159265

Wie Sie sehen, ist es gar nicht schwer, in Excel Gleichungen einzugeben.

Dem Berechnungsablauf folgend muß als nächstes der Drahtdurchmesser ausgewählt werden. Geben Sie in Zelle B14 daher folgende Überschrift ein:

Eingabe

Zelle B14; Durchmesservorauswahl

Den Inhalt von Zellen B16 bis B18 geben Sie nach Bild 4-6 ein.

Der Drahtdurchmesser läßt sich näherungsweise mit folgender Gleichung berechnen.

$$d \cong 0{,}16 \cdot \sqrt[3]{F_{max} \cdot D_e}$$

Wie Sie sich sicherlich schon denken können, müssen Sie auch diese Formel für Excel aufbereiten. Schön wäre es, wenn Excel die Funktion „n-te Wurzel aus" hätte, aber auch in der neusten Version sucht man danach vergebens. Deshalb wird $\sqrt[3]{}$ in die Form $^{(1/3)}$ umgeschrieben. F_{max} entspricht hier $F_{2\,vor}$. Geben Sie die so umgeschrieben Formel in Zelle C16 ein:

Eingabe

Zelle C16; =0,16*(F9*C10)^(1/3)

Bild 4-6:
Durchmesser-
vorauswahl

	B	C
14	Durchmesservorauswahl	
15		
16	dvor [mm] =	3,67273999
17	d [mm] =	
18	G [N/mm²] =	81500

Weitere Informationen in Excel 5.0

- Benutzerhandbuch Teil 1, Kapitel 2: Microsoft Excel für Einsteiger.

- Benutzerhandbuch Teil 2, Kapitel 10: Erstellen von Formeln und Verknüpfungen.

- Hilfe-Funktion „Suchen", Stichwort: Formeln, eingeben, Thema: Erstellen von Formeln.

- Hilfe-Funktion „Suchen", Stichwort: Formeln, eingeben, Thema: Überblick über das Erstellen einer Formel.

- Beispiele und Demos, Stichwort: Erstellen von Formeln und Verknüpfungen, Thema: Eingeben von Formeln.

4.3	## Das Berechnungsblatt speichern

Das Berechnungsblatt weist nun die ersten Berechnungen auf. Bevor Sie mit der Berechnung fortfahren, sollten Sie es deshalb speichern. Dies ist besonders dann zu empfehlen, wenn Sie einzelne Abschnitte einer Berechnung abgeschlossen haben. Sollte sich Ihr Computer zu einem späteren Zeitpunkt einmal „aufhängen", so haben Sie immer noch die Möglichkeit, auf den letzten gespeicherten Stand zurückzugreifen. Weiterhin sollten Sie Ihre Daten speichern, bevor Sie umfangreiche Formatierungen durchführen. Wenn Ihnen das Ergebnis der Formatierung nicht gefallen sollte, ist es meist sinnvoller, die Ausgangsversion der Formatierung zu laden als die ganzen Formatierungen rückgängig zu machen.

Anmerkung

In Excel ist es meist möglich, den letzten Vorgang rückgängig zu machen. Klicken Sie dazu auf nebenstehendes Symbol oder wählen Sie den Eintrag „Rückgängig Strg+Z" im Menü „Bearbeiten" aus bzw. drücken Sie die Tastenkombination [Alt]+[⇐].

Zum Speichern drücken Sie nebenstehendes Symbol oder wählen den Eintrag „Speichern Strg+S" im Menü „Datei" aus. Das Dialogfeld „Speichern unter" (Bild 4-7) wird angezeigt.

Bild 4-7:
Dialogfeld „Speichern unter"

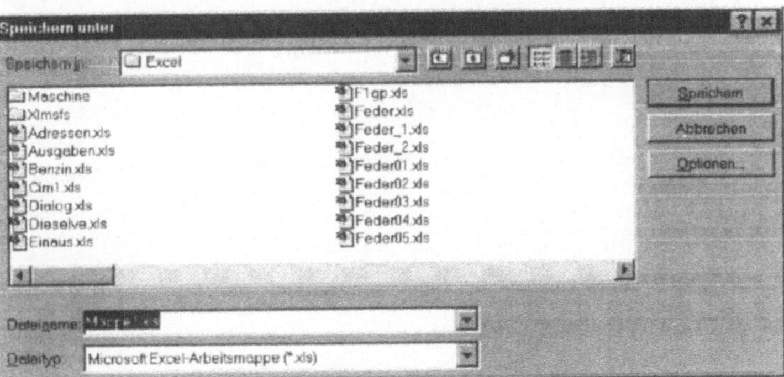

Im Feld „Dateiname" geben Sie einen Namen für Ihre Datei ein. Die Endung „.XLS" wird von Excel angehängt und muß daher nicht eingegeben werden. Geben Sie als Dateiname für das Demobeispiel „feder" ein und schließen Sie das Dialogfeld mit „OK".

Hinweis

Der besseren Ordnung halber sollten Sie zuvor ein Verzeichnis „Maschine" angelegt haben. Mit dem Explorer können Sie das jederzeit nachholen.

Speichern Sie die Datei zu einem späteren Zeitpunkt nochmals wie zuvor angeführt, so erscheint das Dialogfeld „Speichern unter" nicht mehr, da Sie zuvor einen Namen eingegeben hatten. Die Datei wird einfach auf Ihrem Datenträger überschrieben. Möchten Sie jedoch die Datei unter einem anderen Namen speichern, müssen Sie im Menü „Datei" den Eintrag „Speichern unter" anwählen. Es erscheint dann wieder das Dialogfeld und Sie können einen anderen Dateinamen vergeben.

Weitere Informationen in Excel 5.0

- Benutzerhandbuch Teil 2, Kapitel 6: Verwalten von Arbeitsmappendateien.

- Hilfe-Funktion „Suchen", Stichwort: Speichern von Arbeitsmappen, Thema: Übersicht über das Speichern und Schließen von Arbeitsmappen.

4.4 Das Berechnungsblatt gestalten: Formatieren

Die ersten Berechnungen mit Excel haben Sie erfolgreich absolviert. Dabei haben Sie sich möglicherweise am Erscheinungsbild Ihres Tabellenblattes gestört. Um das Erscheinungsbild etwas aufzupeppen, werden Sie die Formatierung einzelner Zellen bzw. Zellbereiche ändern, bis das Blatt so aussieht, wie Sie es im Bild 4-8 sehen.

Bevor Sie eine Formatierung durchführen, müssen Sie zuerst das Element auswählen, welches Sie umgestalten wollen. Das Element kann ein Zeichen einer Zelle, eine ganze Zelle oder ein ganzer Zellbereich sein.

Bild 4-8:
Tabellenblatt
formatiert

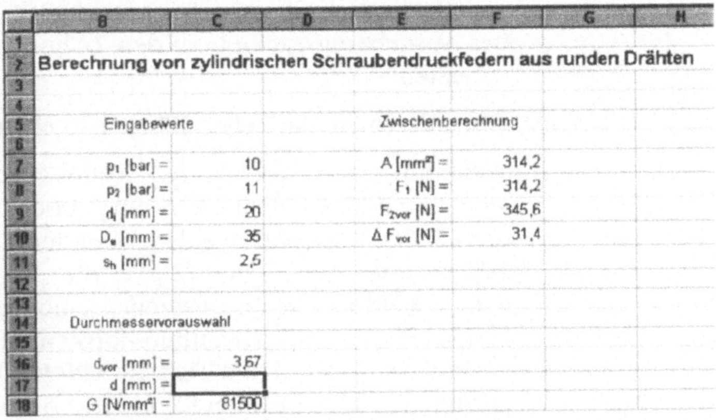

	B	C	D	E	F	G	H
1							
2	Berechnung von zylindrischen Schraubendruckfedern aus runden Drähten						
3							
4							
5	Eingabewerte			Zwischenberechnung			
6							
7	p_1 [bar] =	10		A [mm²] =	314,2		
8	p_2 [bar] =	11		F_1 [N] =	314,2		
9	d_i [mm] =	20		F_{2vor} [N] =	345,6		
10	D_e [mm] =	35		ΔF_{vor} [N] =	31,4		
11	s_h [mm] =	2,5					
12							
13							
14	Durchmesservorauswahl						
15							
16	d_{vor} [mm] =	3,67					
17	d [mm] =						
18	G [N/mm²] =	81500					

Die Überschrift, die Sie in Zelle B2 eingegeben haben, sollte sich vom übrigen Text abheben. Dazu stehen Ihnen mehrere Änderungsmöglichkeiten zur Verfügung:

- *Schriftart*
- *Schriftgröße*
- *Schriftfarbe*
- *Hintergrundfarbe*
- Überschrift mit *Rahmen*
- *Ausrichtung* der Textposition

Die Formatierungen, die am häufigsten gebraucht werden, sind in Excel auf der Format-Symbolleiste in Form von kleinen Symbolen zusammengefaßt.

Um die **Überschrift** größer und in Fettschrift darzustellen, gehen Sie wie folgt vor:

Wählen Sie zunächst Zelle B2. Klicken Sie anschließend nebenstehendes Symbol an, um der Überschrift den Schriftstil „Fett" zu geben. Die Schriftgröße wird mit den nebenstehenden Symbol geändert. Über den kleinen Pfeil können Sie eine Liste öffnen, aus der Sie einen Zahlenwert auswählen. Wählen Sie „14" Punkt als neue Schriftgröße.

Eine weitere Art der Formatierung ist das *Ausrichten* der Zellinhalte. So sollen die Zellen B7 bis B11 über dem Gleichheitszeichen ausgerichtet werden. Markieren Sie zunächst den Zellbereich. Klicken Sie anschließend auf nebenstehendes Ausrichtungssymbol um den Zellinhalt rechtsbündig auszurichten.

Formatieren Sie die Zellen E7 bis E10 ebenfalls rechtsbündig.

Weiterhin sollen die beiden **Teilüberschriften** „Eingabewerte" und „Zwischenberechnung" über den darunterliegenden Zellen *zentriert* werden. Markieren Sie zunächst die Zellen, über denen die Überschrift „Eingabewerte" ausgerichtet werden soll. In unserem Demobeispiel sind dies die Zellen B5 bis C5. Daraufhin klicken Sie nebenstehendes Symbol an, welches den Text in Zelle B5 über die markierten Spalten ausrichtet. Gehen Sie ebenso bei der Ausrichtung der „Zwischenberechnung" vor.

Beachten Sie, daß es einen Unterschied zwischen der Ausrichtung „Zentriert" und „Zentriert über Spalten" gibt. „Zentriert" richtet den Inhalt zentrisch zur Zellmitte aus. Dagegen formatiert „Zentriert über Spalten" den Inhalt der Zelle über mehrere Spalten zentrisch. Ist nur eine Spalte markiert, so zeigen „Zentriert" und „Zentriert über Spalten" die gleiche Wirkung.

Anmerkung

Sind Sie sich nicht sicher, welches Symbol für rechtsbündig formatieren steht, so bewegen Sie den Mauszeiger auf ein Symbol Ihrer Wahl und warten einen kurzen Zeitraum. Unterhalb des „angezeigten" Symbols erscheint eine kleine, erläuternde Textfahne, das „Quick-Info". Ist dies bei Ihnen nicht der Fall, so klicken Sie im Menü „Extras" auf "Anpassen" und dann auf die Registerkarte „Optionen". Hier aktivieren Sie das Kontrollkästchen „Quick-Info auf Symbolleisten anzeigen. (Bild 4-9)

Bild 4-9:
Dialogfeld
Anpassen

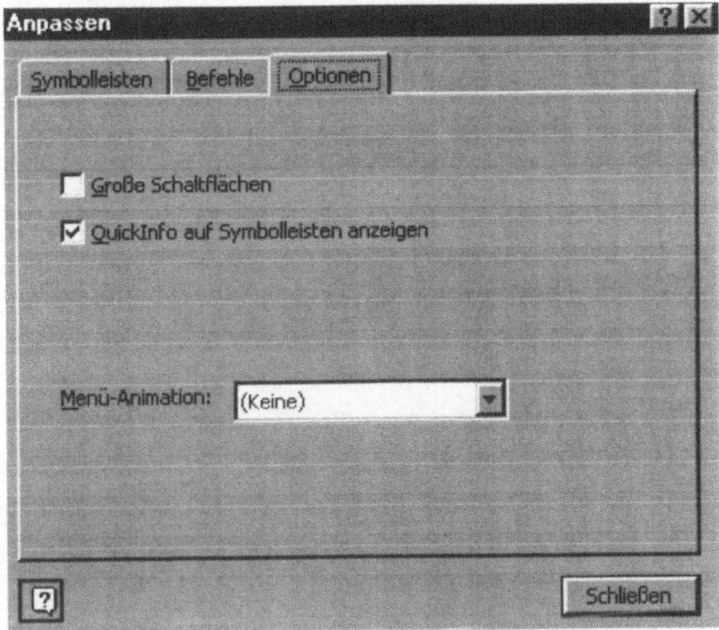

Die von Excel berechneten Formeln liefern Ergebnisse mit vielen Nachkommastellen. Für die Beispielberechnung sind diese nicht gewünscht. Deshalb sollen Sie die Zellen so formatieren, daß die Nachkommastellen auf eine oder zwei Stellen begrenzt werden. Markieren Sie zunächst den Bereich F7 bis F10. Klicken Sie mehrmals auf das nebenstehende Symbol, bis nur noch eine Nachkommastellen angezeigt wird. Markieren Sie die Zelle C16 und reduzieren Sie die Dezimalstelle auf zwei Stellen.

Bisher haben Sie einige Formatierungen kennen gelernt, die über die Symbolleiste erfolgen können. Jedoch nicht alle Formatierungen lassen sich so ausführen. Für besondere

Formatierungen benötigen Sie das Dialogfeld „Zellen formatieren". Mit „Format" - „Zellen..." rufen Sie das in Bild 4-10 dargestellte Dialogfeld auf.

Bild 4-10:
Zellen formatieren

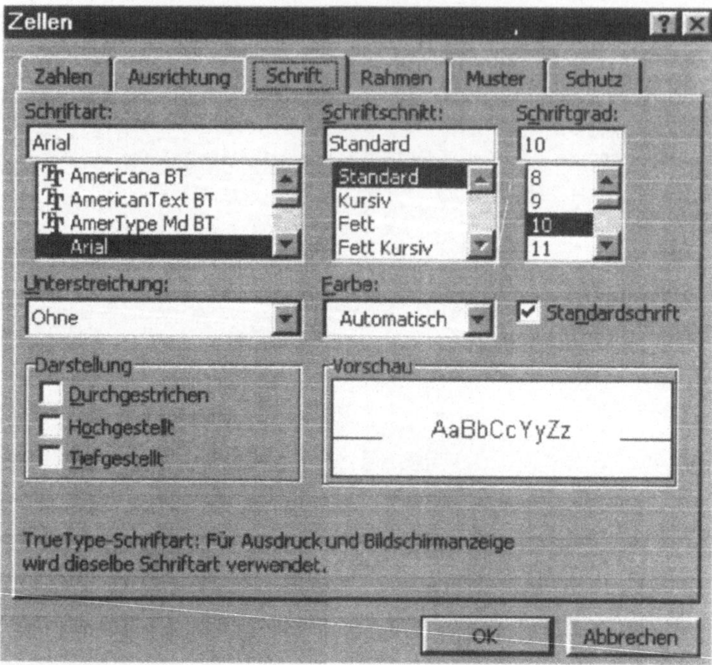

Dieses Dialogfeld hat mehrere Register. Neben der *Schriftart* können Sie mit dem Register *„Muster"* die Hintergrundfarbe einer Zelle verändern oder mit *„Rahmen"* einer Zelle einen Rahmen geben. Die Register *Zahlen* und *Schutz* werden Sie später noch kennenlernen.

Bei unserem Beispiel alle sollen Indizierungen tiefgestellt werden.

Um aus „p1" ein „p_1" zu machen, aktivieren Sie den Bearbeitungsmodus mit einem Doppelklick auf die Zelle B7 und markieren Sie die „1" von „p1 [bar] =". Anschließend rufen Sie das Dialogfeld „Zellen formatieren" (Bild 4-10) wie oben beschrieben auf. Unter „Schriftart" markieren Sie den Eintrag „Tiefgestellt".

Formatieren Sie nach dieser Vorgehensweise alle Indizierungen im Tabellenblatt.

Um der Tabelle den letzten Schliff zu geben, wandeln Sie den Schriftzug „delta" in Zelle E10 in die wissenschaftlichere Schreibweise „Δ" ab. Aktivieren Sie mit einem Doppelklick die Zelle E10. Löschen Sie die Buchstaben „delta", indem Sie sie, bei gedrückter linker Maustaste, mit dem Mauszeiger überstreichen und anschließend die (Entf)-Taste drücken.

Geben Sie dafür ein „D" ein:

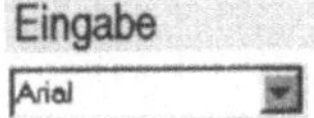

D

Markieren Sie das „D". Wählen Sie aus der Symbolleiste mit nebenstehendem Symbol die Schriftart „Symbol" aus. Damit schreiben Sie das „D" als griechisches „Δ". Schließen Sie die Bearbeitung der Zelle ab.

Vergleichen Sie das Ergebnis Ihrer Formatierungen mit Bild 4-8! Die Spalten des Berechnungsblatts sind alle gleich breit. Selbstverständlich ließe sich das auch noch anpassen. Falls Sie das jetzt ausprobieren wollen, lesen Sie in Kapitel 5.1 nach.

Wir schlagen allerdings vor, das erst dort beim Erstellen einer Tabelle anzuwenden. Also gedulden Sie sich noch etwas!

Hinweis

Lassen Sie die Formatierung Ihres Tabellenblattes nicht zu umfangreich ausfallen. Je unterschiedlicher die einzelnen Zellen formatiert sind, desto mehr Zeit benötigt die Grafikkarte zur Darstellung. So wird eine aufwendige Berechnung schnell zu einem Testprogramm für die Grafikkarte. Also, Bescheidenheit am Bildschirm zeigt den erfahrenen Tabellenkalkulierer!

Anmerkung

Wenn Sie eine ganze Zelle formatieren wollen, können Sie das schneller mit dem Kontextmenü erledigen. Markieren Sie dazu die zu formatierende Zelle, drücken anschließend die **rechte** Maustaste und wählen den Menüpunkt „Zellen formatieren". Das Kontextmenü (Bild 4-11) erscheint immer nahe am ausgewählten Element.

Bild 4-11:
Kontextmenü

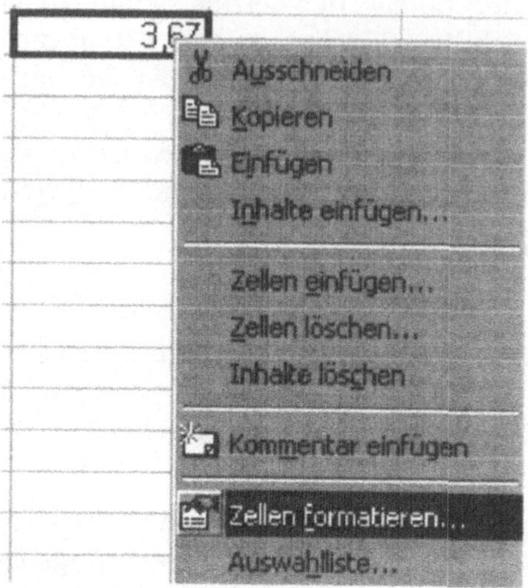

Das Kontextmenü läßt sich auch bei einzeln markierten Zeichen einer Zelle aufrufen. Haben Sie sich einmal „verklickt" oder es erscheint ein Menü, welches Sie nicht haben möchten, drücken Sie so lange die [Esc]-Taste, bis der Bildschirm wie aussieht wie zuvor.

Wer die Maus überhaupt nicht bewegen will, der kann das Dialogfeld mit der Tastenkombination [Strg]+[1] aufrufen.

Weitere Informationen in Excel 5.0

- Benutzerhandbuch Teil 2, Kapitel 12: Formatieren von Tabellenblättern

- Hilfe-Funktion „Suchen", Stichwort: Formatieren, Zellinhalte, Thema: Übersicht über das Formatieren von Zeichen in Zellen

4.5 Korrekturen und Fehlersuche

Sicherlich ist es Ihnen auch schon passiert: Sie geben einen Wert, Text oder eine Formel ein und merken, nachdem Sie die Eingabe mit der [↵]-Taste oder mit einem Klick auf das nebenstehende Symbol abgeschlossen haben, daß die Eingabe Fehler aufweist.

Um die Eingabe zu ändern, hält Excel mehrere Möglichkeiten für Sie bereit:

- Sie können den Inhalt einer Zelle ändern, indem Sie sie aktiv machen und den Inhalt einfach durch eine erneute Eingabe überschreiben. Dies ist besonders dann angebracht, wenn es sich um eine kurze Eingabe handelt.

- Wollen Sie Änderungen oder Ergänzungen vornehmen, ist eine zweite Möglichkeit günstiger. Sie aktivieren mit einem Doppelklick auf die Zelle oder mit einem Klick auf die Bearbeitungsleiste den Cursor und können weiter schreiben und sich bewegen, wie Sie es von der Textverarbeitung kennen. Durch einen weiteren Klick können Sie den Überschreibmodus einschalten.

- Die gleiche Funktion wie der Doppelklick hat die Taste [F2]. Sie schaltet damit den Bearbeitungsmodus an und in der aktiven Zelle blinkt der Cursor am Textende.

Hinweis

Ändern Sie Werte, die in Formeln verarbeitet werden, berechnet Excel automatisch nach Abschluß der Eingabe alle abhängigen Werte neu. Ändern Sie zum Beispiel den Innendurchmesser, so werden alle davon abhängigen Werte sofort neu berechnet. Probieren Sie es aus!

Sollte dies nicht der Fall sein, so wählen Sie im Menü „Extras" den Eintrag „Optionen" und nehmen im Register „Berechnen" die Einstellungen wie in Bild 4-12 dargestellt vor.

Bild 4-12:
Berechnungs-
optionen

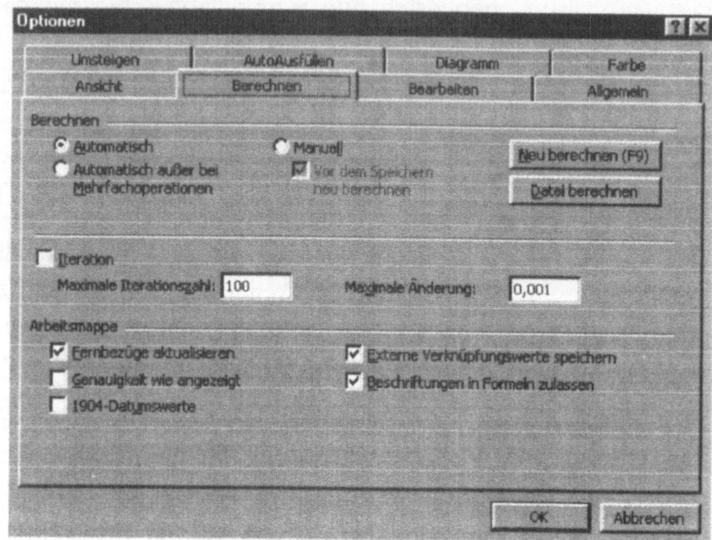

Haben Sie eine umfangreiche Berechnung erstellt, schleichen sich bestimmt auch kleine Fehler ein. Schnell aufspüren lassen sich dabei fehlerhafte Zahleneingaben. Sie sind direkt am Bildschirm sichtbar.

Anders dagegen verhält es sich jedoch mit den Formeln. Wollen Sie kontrollieren, ob eine Formel richtig ist, müssen Sie die entsprechende Zelle aktivieren und können dann in der Bearbeitungsleiste den Formeltext lesen. Wenn Sie auf diese Weise alle Formeln einer Berechnung kontrollieren wollen, ist das sehr mühsam. Deshalb gibt es im Dialogfeld „Extras" - „Optionen" unter dem Register „Ansicht" (siehe auch Bild 3-11) eine Option, mit der Sie alle Formeln gleichzeitig einsehen können. Dort können Sie die Option „Formel" im Bereich „Fenster" ein- bzw. ausschalten. Bei eingeschalteter Formeldarstellung werden alle Spalten etwas breiter aufgezogen, um auch größere Formeln darzustellen. Schalten Sie die Formelanzeige wieder aus, so stellt sich die alte Spaltenbreite wieder ein.

Umfangreiche Formeln zu überblicken, bereitet in Excel manchmal Schwierigkeiten. Excel hat ein hilfreiches Werkzeug zum Aufspüren von Zellbezügen innerhalb einer Formel: den *Detektiv*. Anhand der Formel für den vorgewählten Drahtdurchmesser soll dessen Funktion erläutert werden. Markieren Sie die Zelle C16 und aktivieren Sie den Detektiv über „Extras" - „Detektiv" - „Spur zum Vorgänger". Mit blauen Linien werden die Zellbezüge zu F9 und C10, wie in Bild 4-14 dargestellt, angezeigt.

Bild 4-13:
Symbolleiste
„Detektiv"

Einfacher ist die Arbeitsweise, wenn Sie sich die Symbolleiste des Detektivs auf den Bildschirm holen. Bewegen Sie dazu den Mauszeiger auf die Symbolleisten und klicken mit der rechten Maustaste, um im Kontextmenü die Option „Anpassen" anzuwählen. Durch einen Mausklick auf den Eintrag „Detektiv" in der Registerkarte „Symbolleisten" erscheint die Leiste wie sie im Bild 4-13 dargestellt ist.

Anmerkung

Die Detektiv-Symbolleiste erhalten Sie auch über den Eintrag „Symbolleisten…" im Menü „Ansicht". Es erscheint das Dialogfeld „Anpassen" (siehe auch Bild 4–9). Dort aktivieren Sie unter „Symbolleisten" das Kästchen „Detektiv". Alternativ dazu können Sie die Detektiv-Symbolleiste über das Menü „Extras" - „Detektiv" den Eintrag „Detektiv-Symbolleiste" auswählen.

Bild 4-14:
Spuren des Detektivs

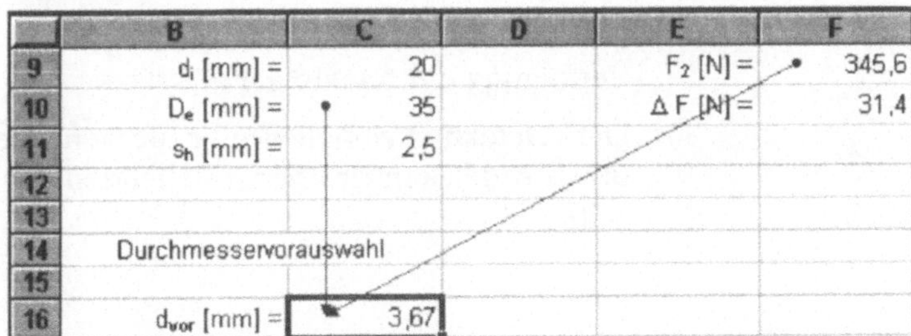

	B	C	D	E	F
9	d_i [mm] =	20		F_2 [N] =	345,6
10	D_e [mm] =	35		ΔF [N] =	31,4
11	s_h [mm] =	2,5			
12					
13					
14	Durchmesservorauswahl				
15					
16	d_{vor} [mm] =	3,67			

Der Detektiv kann, wie in Bild 4-13 erkennbar, Bezüge zum Vorgänger bzw. zum Nachfolger anzeigen. Vorgänger einer Zelle sind die Zellen, die das Ergebnis der Zelle beeinflussen. Für den vorgewählten Drahtdurchmesser (Zelle C16) sind die Vorgänger zum einen der Außendurchmesser D_e (Zelle C10) und zum anderen die maximale Kraft (Zelle F9). Aus der Sicht des Außendurchmessers D_e ist der vorgewählte Drahtdurchmesser (Zelle C16) der Nachfolger.

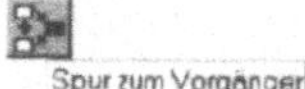

Wie arbeitet man nun mit der Symbolleiste? Löschen Sie zuerst alle Bezugslinien mit dem nebenstehenden Radiersymbol. Setzen Sie den Zellzeiger auf Zelle C16 für den vorgewählten Drahtdurchmesser. Klicken Sie anschließend nebenstehendes Symbol „Spur zum Vorgänger" aus der Detektiv-Symbolleiste an. Die blauen Pfeile zeigen von den Vorgängerzellen auf die Ausgangszelle wie bereits in Bild 4-13 gezeigt. Klicken Sie nochmals das Symbol „Spur zum Vorgänger" an, so werden zu den zuvor ermittelten Vorgänger die Vorgänger ermittelt. Im Demobeispiel hat nur Zelle F9 Vorgänger, nämlich C8 und F7. Hierzu können Sie wiederum die Vorgänger bestimmt. Dies geht soweit, bis keine Vorgänger mehr vorhanden sind. Excel meldet dies mit einem kurzen Warnton (sofern in Windows die Systemklänge eingeschaltet sind).

Die Spuren können Sie stufenweise wieder zurücknehmen, indem Sie auf nebenstehendes Symbol „Spur zum Vorgänger entfernen" klicken. Alle Ebenen auf einmal entfernen Sie dem Radiersymbol.

Die Nachfolger einer Zelle verfolgen Sie chronologisch zur Verfolgung der Nachfolger.

Die Detektiv-Symbolleiste entfernen Sie am einfachsten durch Anklicken des nebenstehenden Schalters in der Kopfzeile.

Hinweis

Nachdem Sie die Spuren gelöscht haben kann es vorkommen, daß an einigen Stellen die Bildschirmdarstellung nicht mehr einwandfrei ist. Scrollen Sie das Bild so lange, bis der alte Bildschirminhalt nicht mehr zu sehen ist. Scrollen Sie anschließend wieder zurück und die Bildschirmdarstellung stimmt wieder.

Weitere Informationen in Excel 5.0

- Benutzerhandbuch Teil 8, Kapitel 38: : Fehlerbehandlung und Kommentierung in einer Tabelle.

- Hilfefunktion „Suchen", Stichwort: Detektive, Thema: Übersicht über das Verwenden von Detektiven zum Überprüfen Ihrer Tabelle.

- Beispiele und Demos, Stichwort: Fehlerbehandlung und Kommentierung, Thema: Visuelles Überprüfen von Tabellen.

5 Federkennwerte in der Arbeitsmappe

Für einem Ingenieur gehören Tabellen zum täglichen Handwerkszeug. Meist wird nur ein Wert, z.B. der Kernlochdurchmesser des Gewindes M8, gesucht oder man benötigt eine Auswahl aller Werkstoffe, deren Zugfestigkeit größer 700 N/mm^2 ist. Excel bietet für diese häufigen Arbeiten wirksame Hilfen.

Sie sollen deshalb in diesem Kapitel Datenbankfunktionen von Excel kennenlernen.

5.1 Anlegen eines Tabellenblattes mit Federkennwerten nach DIN

Jedes Tabellenbuch enthält Daten, die in strukturierter Form in einzelnen Tabellen abgelegt sind. Ebenso ist dies bei einer Datenbank. Dort werden Daten in einzelnen Datensätzen abgelegt. Bei Excel wird ein Datensatz in eine Zeile eingetragen, wobei jedes Datenfeld einer Spalte zugeordnet ist. Jeder Datensatz besteht in der Regel aus mehreren Datenfeldern.

Die im Anhang dargestellten Tabellen „Federkennwerte" sollen als Datenbank in Excel abgelegt werden. Für das Demobeispiel genügen diese Werte. Das DIN-Blatt ist sehr viel umfangreicher!

Um die Federkennwerte in einem Tabellenblatt von der normalen Berechnung zu trennen, wechseln Sie mit einem Mausklick auf das Blattregister „Tabelle2".

Tragen Sie zunächst die Überschriften und die Kennwerte für die einzelnen Federdrahtsorten ein, wie es in Bild 5-1 dargestellt ist. Dabei werden Sie feststellen, daß die Zelleninhalte aus A11 und A12 nicht mehr ganz angezeigt werden können, da die Spaltenbreite zu klein ist.

Bild 5-1:
Federkennwerte

	A	B	C	D
2	**Federn - Daten und Kennwerte**			
3				
4	Schubmodul G der Drahtsorten A bis VD			
5				
6	Sorte	G [N/mm²]		
7	DIN 17223 A	81500		
8	DIN 17223 B	81500		
9	DIN 17223 C	81500		
10	DIN 17223 D	81500		
11	DIN 17223 FD	79500		
12	DIN 17223 VD	79500		

Sie müssen die Spaltenbreite an den Zellinhalt anpassen. Dazu gehen Sie mit dem Mauszeiger zwischen die Spaltenköpfe der Spalte A und B.

Der Mauszeiger ändert seine Form (Bild 5-2).

Bild 5-2:
Spaltenbreite
anpassen

Halten Sie die linke Maustaste gedrückt, während Sie die Maus nach rechts bewegen. Eine dünne Linie zeigt Ihnen dabei, wie Sie die Spalte A aufziehen. Beachten Sie dabei, wie sich die Zelle im Namensfeld verändert. Diese Zahl gibt die Breite der Spalte in Anzahl der Zeichen an, die bei der gewählten Schriftart dargestellt werden kann. Bei einer Proportionalschriftart, wie wir Sie hier verwenden, ist es allerdings nur ein Anhaltswert. Lassen Sie die linke Maustaste los, wird die Spalte A so weit vergrößert, wie Sie sie aufgezogen hatten.

Anmerkung

Es gibt noch mehrere andere Möglichkeiten, die Spaltenbreite zu verändern:

- Setzen Sie die Maus zwischen die Spaltenköpfe der Spalte A und B und führen anschließend einen Doppelklick aus. Die Spaltenbreite wird dann automatisch so angepaßt, daß der längste Zelleintrag in der Spalte voll erscheint.

- Markieren Sie die Spalte A und wählen Sie im Menü „Format" - „Spalte" den Eintrag „Optimale Breite" aus.

Daraufhin wird die Spaltenbreite so geändert, daß der längste Zelleneintrag, hier Zelle A12, voll sichtbar wird. Das ist dieselbe Funktion wie der Doppelklick.

- Markieren Sie eine beliebige Zelle und wählen Sie wieder „Format" - „Spalte" - „Optimale Breite". Damit wird die ganze Spalte auf die optimale Breite der aktiven Zelle gebracht.

- Anstelle von „Optimale Breite" können Sie auch „Breite" wählen, um im Dialogfenster der Spaltenbreite einen Zahlenwert einzugeben.

Die optimale Art, die Spaltenbreite einzustellen, werden Sie schnell durch Probieren herausfinden.

Bild 5-3:
Spaltenbreite
angepaßt

	A	B	C	D
2		**Federn - Daten und Kennwerte**		
3				
4	**Schubmodul G der Drahtsorten A bis VD**			
5				
6	**Sorte**	**G [N/mm²]**		
7	DIN 17223 A	81500		
8	DIN 17223 B	81500		
9	DIN 17223 C	81500		
10	DIN 17223 D	81500		
11	DIN 17223 FD	79500		
12	DIN 17223 VD	79500		

Als nächstes sollen die Zugfestigkeiten erfaßt werden. Da später noch Veränderungen an dem Tabellenblatt vorgenommen werden sollen, legen Sie abweichend von der Tabelle „Federkennwerte" (im Anhang) die Überschriften so an, wie in Bild 5-4 dargestellt.

Bild 5-4:
Die Datenfelder

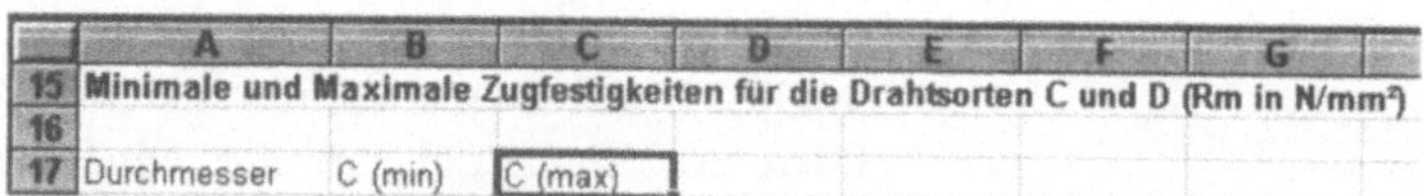

	A	B	C	D	E	F	G
15	Minimale und Maximale Zugfestigkeiten für die Drahtsorten C und D (Rm in N/mm²)						
16							
17	Durchmesser		C (min)	C (max)			

Wenn Sie „Durchmesser" eingegeben haben, schließen Sie die Eingabe mit der ⇆-Taste ab. Dadurch springt der Zellzeiger in die rechte Nachbarzelle. So können Sie komfortabel Daten in nur eine Zeile eingeben.

Beachten Sie, daß die Spaltenüberschriften alle in einer Zeile stehen müssen und keine Spalten ausgelassen werden dürfen, damit Sie, wie anschließend in Kapitel 5.2 dargestellt, mit der Datenmaske arbeiten können.

Die Spalten für die Drahtsorte D können Sie jetzt in gleicher Weise eintragen. Es gibt aber noch eine etwas elegantere Methode, die Sie verwenden sollten, wenn Sie Zellinhalte mehrfach kopieren müssen. Sie kopieren die Inhalte von B17 und C17 in die rechts angrenzenden Zellen D17 und E17 und ersetzen den Buchstaben C durch D für die Drahtsorte D. Dazu gehen Sie wie folgt vor:

Markieren Sie die Zellen B17 und C17. Gehen Sie mit dem Mauszeiger auf das Ausfüllkästchen (Bild 5-5), um das Ausfüllen einzuleiten.

Bild 5-5:
Ausfüllen mit
Ausfüllkästchen

Drücken Sie die linke Maustaste und bewegen Sie dabei den Mauszeiger nach rechts bis Zelle E17. Wenn Sie jetzt die linke Maustaste los lassen, sehen Sie, wie die markierten Zellen mit „C (min)" und „C (max)" gefüllt wurden. Um die Drahtsorte „C" aus den Zellen in „D" zu ersetzen, markieren Sie die Zellen D17 bis E17 und wählen anschließend den Eintrag „Ersetzen Strg+H" im Menü „Bearbeiten" an. Es erscheint das Dialogfeld „Ersetzen" (Bild 5-6).

Bild 5-6:
Dialogfeld Ersetzen

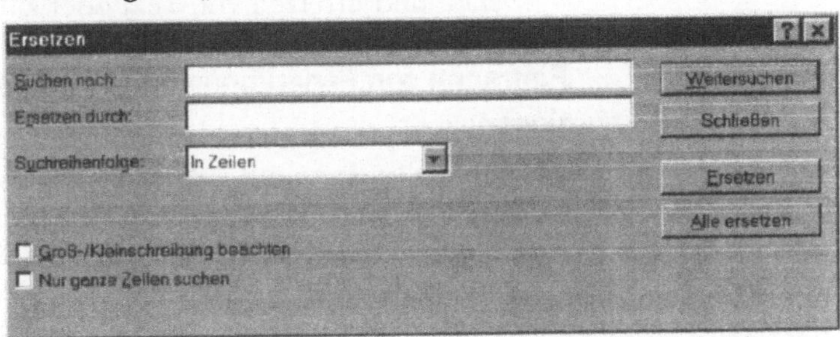

Geben Sie in „Suchen nach:" „C" und in „Ersetzen durch: „D" ein. Betätigen Sie die Schaltfläche „Alle ersetzen". Die Buchstaben „C" werden durch „D" ersetzt. Wenn Ihnen das zu umständlich ist, können Sie die Texte natürlich auch durch einfaches Überschreiben ändern.

Um die Spaltenbreiten wieder anzupassen, markieren Sie die Zellen B17 bis E17. Wählen Sie im Menü „Format" - „Spalte" den Eintrag „Optimale Breite" aus.

Bild 5-7:
Bildschirm nach
dem Anpassen

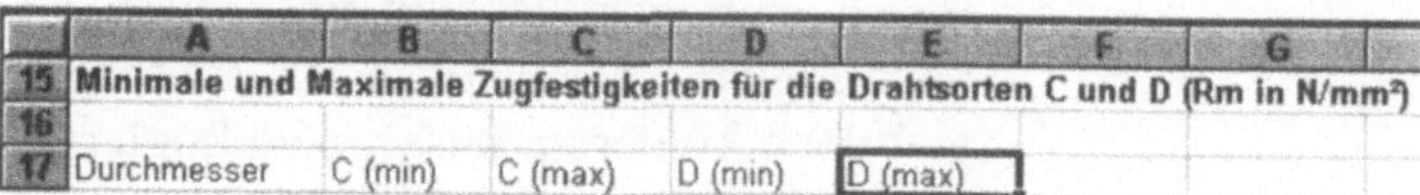

Wenn Sie möchten, können Sie natürlich auch mit dieser Methode eine Datenbank für alle Drahtsorten, die in der Anlage genannt sind, anlegen.

Weitere Informationen in Excel 5.0

- Benutzerhandbuch Teil 2, Kapitel 12: Formatieren von Tabellenblättern.

- Hilfefunktion „Suchen", Stichwort: Spaltenbreite, Thema: Übersicht über das Ändern der Spaltenbreite und der Zeilenhöhe.

- Beispiele und Demos, Stichwort: Formatieren einer Tabelle, Thema: Ändern der Spaltenbreite und Zeilenhöhe.

- Benutzerhandbuch Teil 2, Kapitel 11: Bearbeiten von Tabellenblättern.

- Hilfefunktion „Suchen", Stichwort: Ersetzen, Thema: Suchen und Ersetzen von Text oder Zahlen.

5.2   Eintragen von Federkennwerten mit Datenbankfunktionen

Die Tabelle ist jetzt vorbereitet und Sie könnten nun ab Zeile 18 Durchmesser und Festigkeitswerte in die jeweiligen Felder so eintragen, wie Sie es auch mit den Spaltenüberschriften C (min) und C (max) gemacht haben. Excel hält hierfür jedoch ein Werkzeug bereit, mit dem Eintragungen und Änderungen effektiver zu machen sind: die **Datenmaske**.

Bevor Sie die Datenmaske aufrufen, müssen Sie festlegen, welchen Bereich Excel als Datensatz ansprechen soll. Markieren Sie die Zellen A17 bis E17. Rufen Sie die Datenmaske mit dem Eintrag „Maske…" im Menü „Daten" auf. Beantworten Sie die Meldung mit „OK". Daraufhin erscheint die Datenmaske Ihrer Datenbank (Bild 5-9). Haben Sie zuvor keine Zellen markiert, erscheint folgende Meldung:

Bild 5-8:

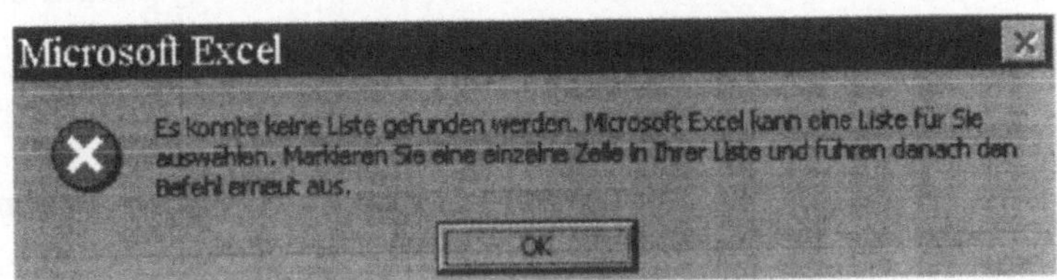

Bild 5-9:
Die Datenmaske

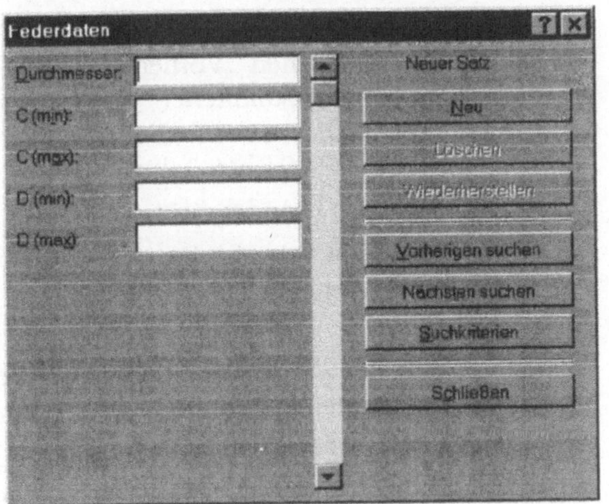

Hinweis

Der Inhalt der Zellen, die sich in der ersten Zeile des markierten Bereichs befinden, werden bei Excel als Feldbezeichnungen in der Datenmaske verwendet. Haben Sie mehr als eine Zeile markiert und hat die zweite Zeile Einträge, so werden diese Einträge in die zugehörigen Felder der Datenmaske übernommen. Sie sehen jetzt, warum es wichtig war, alle Spaltenüberschriften in eine Zeile zu schreiben und keine Spalten frei zu lassen, wie im Kapitel 5.1 beschrieben.

Die Datenmaske zeigt links die Feldbezeichnungen Ihrer Datenbank. Hinter jeder Feldbezeichnung können Sie eine entsprechende Eingabe machen. Rechts finden Sie die Steuerfunktionen, die folgende Funktionen haben:

- Mit „Neu" fügen Sie der Datenbank einen neuen Datensatz hinzu.

- „Löschen" entfernt den angezeigten Datensatz aus der Datenbank.

- Ändern Sie einen Datensatz ab und möchten diese Änderung wieder rückgängig machen, so betätigen Sie „Wiederherstellen". Wiederherstellen ist nur möglich, wenn die Datensatzänderung noch nicht mit der ⏎-Taste oder mit „Neu" abgeschlossen wurde.

- Die Schaltflächen „Vorherigen Suchen", „Nächsten suchen" und „Suchkriterien" dienen zum gezielten aufsuchen von Datensätzen. (Siehe Kapitel 5.3 „Ableiten eines aufgabenspezifischen Tabellenblattes".)

- „Schließen" beendet die Anzeige der Datenmaske.

- Die Hilfethemen zur Datenmaske können Sie mit dem „Tip-Assistenten" einsehen.

Hinweis

Sind Ihnen Begriffe unklar, ist das Aufrufen der Direkt-Hilfe zur Maske mit der rechten Maustaste sehr nützlich.

Mit dem vertikalen Rollbalken oder mit den Cursortasten ⬆ und ⬇ können Sie sich durch die einzelnen Datensätze bewegen. Innerhalb eines Datensatzes gelangen Sie mit der ⇆-Taste in das nächste Eingabefeld oder mit der Tastenkombination ⇧+⇆ in das vorherige Eingabefeld. Ebenso können Sie die Eingabefelder durch Anklicken mit der Maus direkt anwählen.

Die Eingabe eines neuen Datensatzes wird durch Drücken der ⏎-Taste oder mit der Schaltfläche „Neu" abgeschlossen.

Erfassen Sie die Kennwerte für den Federdrahtdurchmesser d = 3 mm. Geben Sie für „Durchmesser" ein:

Eingabe   3

Betätigen Sie anschließend die ⇧-Taste um in das Feld Drahtsorte „C (min)" zu gelangen. Geben Sie dort ein:

Eingabe   **1840**

Mit ⇧ gelangen Sie in das nächste Feld „C (max)". Dort geben Sie ein:

Eingabe   **2040**

Führen Sie die Eingabe nach vorherigem Schema bis Drahtsorte „D (max)" fort. Die Werte entnehmen Sie der Tabelle im Anhang. Betätigen Sie dann die ↵-Taste um den Datensatz abzuschließen.

Hinter der Datenmaske werden Ihre Eingaben sofort in die Tabelle eingetragen (Bild 5-10).

Bild 5-10: Bildschirm nach der ersten Eingabe

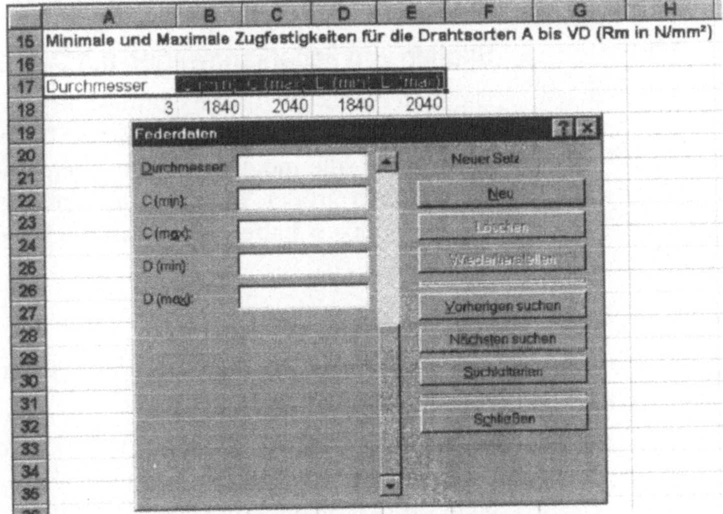

Geben Sie nachfolgend alle Kennwerte für die Drahtdurchmesser von 3,2 mm bis 4,0 mm ein.

Wenn Sie jetzt durch Drücken der Cursortaste ↑ in Ihrer Datenbank blättern, so erscheint in der rechten oberen Ecke der Datenmaske an Stelle von „Neuer Satz" die Meldung „6 von 6". Dies zeigt Ihnen, daß der sechste Datensatz von insgesamt sechs Datensätze angezeigt wird. Drücken Sie nochmals die ⬆-Taste, so wird „5 von 6" angezeigt.

Sie sehen also: die Verwendung der Maske hilft beim Eintrag und Auslesen von Daten und beim Bewegen in der Datenbank.

Darüber hinaus werden Sie im nächsten Kapitel noch sehen, wie man damit auch Datenbankabfragen machen kann.

Weitere Informationen in Excel 5.0

- Benutzerhandbuch Teil 4, Kapitel 20: Verwenden einer Liste zum Organisieren von Daten.

- Hilfefunktion „Suchen", Stichwort: Datenmasken, Thema: Übersicht über das Verwalten einer Liste mit Hilfe einer Datenmaske.

5.3   Suchen von Federkennwerten mit Datenbankfunktionen

Die Datenbank für unser Übungsbeispiel ist sehr klein. Um den passenden Drahtdurchmesser zu finden, könnten Sie mit einem Blick alle möglichen Wert überschauen. Ist die Datenbank jedoch größer, brauchen Sie entsprechende Suchwerkzeuge. Bei Excel haben Sie dazu zwei Möglichkeiten:

die Datenbankmaske und

die Datenbankfilter.

Als erstes sollen Sie den Umgang mit der Suchfunktion der **Datenbankmaske** kennen lernen.

Wenn nicht schon geschehen, rufen Sie die Datenmaske in „Tabelle 2" auf. Setzen Sie dazu den Zellzeiger an beliebiger Stelle in den Bereich der Daten. Wählen Sie dann im Menü „Daten" den Eintrag „Maske..." aus. Die Datenmaske erscheint.

Wählen Sie die Schaltfläche „Suchkriterien" an. In der rechten oberen Ecke der Datenmaske erscheint „Suchkriterien" und die Funktionsfelder ändern sich während die Feldbezeichner bleiben. (Zurück zur Maske kommen Sie über die Schaltfläche „Maske".) In jedem Eingabefeld können Sie jetzt Suchkriterien festlegen.

Da Sie für das Demobeispiel lediglich einen geeigneten Drahtdurchmesser suchen, beschränken Sie sich auf die Eingabe im Feld „Durchmesser". Dabei können Sie je nach Situation unterschiedlich vorgehen:

Fall 1: Kontrolle von Werten

Sie wollen passend zu dem Vordimensionswert $d_{vor} = 3{,}67$ mm einen Durchmesser $d = 3{,}6$ mm wählen.

Um festzustellen ob der Wert ein Tabellenwert ist, geben Sie im Feld „Durchmesser" ein:

Eingabe **3,6**

ohne die $\boxed{\leftarrow}$**-Taste** zu betätigen.

Drücken Sie anschließend die Schaltfläche „Nächsten suchen". Befanden Sie sich bei der Suche in einem Datensatz vor dem Durchmesser 3,6, z.B. $d = 3{,}2$ mm, erscheint der gewünschte Datensatz mit $d = 3{,}6$ mm. Waren Sie in der Datenbank hinter dem gesuchten Datensatz oder der Durchmesser ist nicht in der Datenbank abgelegt, ertönt ein Signal. Drücken Sie dann die Schaltfläche „Vorherigen Suchen". Wenn der Durchmesser sich in der Datenbank befindet, wird er daraufhin angezeigt.

Fall 2: Wert suchen

Der Tabellenwert ist unbekannt: Setzen Sie dann Vergleichsoperatoren zur Suche ein. Vergleichsoperatoren sind:

=	Gleich
<	Kleiner
< =	Kleiner gleich
>	Größer
> =	Größer gleich
<>	Ungleich

Anmerkung

Den Vergleichsoperator „=" haben Sie eben schon benutzt.
Wird als Suchkriterium nur Text oder eine Zahl eingegeben,
ohne daß ein Vergleichsoperator angegeben wird, so wird
mit der Option „=" gesucht".

Um das Arbeiten mit Vergleichsoperatoren zu probieren,
sollen alle Durchmesser kleiner 3,7 mm angezeigt werden.
Geben Sie unter „Suchkriterium" für den „Durchmesser" ein,
ohne die ⏎-Taste zu betätigen:

Eingabe   <3,7

Mit den Tasten „Nächsten Suchen" und „Vorherigen Suchen"
können Sie sich alle Datensätze anzeigen lassen, die im
möglichen Suchbereich liegen. Die Grenzen sind erreicht,
wenn ein Signal ertönt.

Nachdem Sie den Wert d = 3,6 mm ausgewählt haben, müssen Sie ihn in das Berechnungsblatt „Tabelle 1" kopieren.
Markieren Sie dazu in der Maske den Durchmesser mit einem
Doppelklick auf den Eintrag „3,6". Drücken Sie die Tastenkombination Strg+C um die Kopierfunktion zu starten.
Schließen Sie die Datenmaske durch die gleichnamige Schaltfläche. Klicken Sie im Blattregister „Tabelle1". Markieren Sie
die Zelle C16 und bewegen Sie den Mauszeiger auf die Zelle.
Drücken Sie die rechte Maustaste, so daß das Kontextmenü
erscheint. Wählen Sie hier den Eintrag „Einfügen" aus, um
die zuvor kopierte Zahl einzufügen.

Anmerkung

Aus der Datenmaske lassen sich Daten nur mittels der Tastenkombinationen ausschneiden, kopieren bzw. einfügen.
Wenn Sie die Tastenkombinationen nicht mehr wissen,
schließen Sie die Maske und rufen das Menü „Bearbeiten"
auf. Hier sehen Sie hinter den Befehlen „Ausschneiden",
„Kopieren" und „Einfügen" die dazugehörigen Tastenkombinationen (sogenannte Shortcuts), in diesem Fall Strg+C für
„Kopieren".

Wie Sie sicherlich bemerkt haben, hat die Suchmöglichkeit mittels Datenmaske einige Nachteile. Bei großen Datenbeständen können viele Datensätze in die entsprechende Auswahl fallen. Ein weiterer Nachteil ist die umständliche Kopierfunktion.

Probieren Sie deshalb auch die zweite Möglichkeit aus, um Daten aus einer Liste auszuwählen: die **Datenbankfilter**. Sie finden sie ebenfalls im Menü „Daten".

Aktivieren Sie zunächst wieder die „Tabelle2" mit einem Klick auf das dazugehörige Blattregister. Setzten Sie dort den Zellzeiger in den Bereich der Datenbank. Wählen Sie anschließend im Menü „Daten" - „Filter" den Eintrag „AutoFilter" aus.

Bild 5-11:
Eingeschaltete
AutoFilter

	A	B	C	D	E	F	G
15	Minimale und Maximale Zugfestigkeiten für die Drahtsorten C und D (Rm in N/mm²)						
16							
17	Durchmesser	C (min)	C (max)	D (min)	D (max)		
18	3	1840	2040	1840	2040		
19	3,2	1820	2020	1820	2020		
20	3,4	1790	1990	1790	1990		
21	3,6	1770	1970	1770	1970		
22	3,8	1750	1950	1750	1950		
23	4	1740	1930	1740	1930		

In den Spaltenköpfen der Datenbank, den Feldnamen, erscheinen kleine Symbole (Bild 5-11). Sie dienen dazu, die Filter auszuwählen. Die Zellinhalte sind dadurch nicht mehr ganz zu lesen. Wenn Sie das stört, lassen Sie die Spaltenbreite „Optimal" anpassen (siehe Kapitel 5.1).

Klicken Sie nebenstehendes Symbol der Zelle A17 an. Es klappt ein Listenfeld nach unten auf (Bild 5-12).

Bild 5-12:
Auswahlfenster

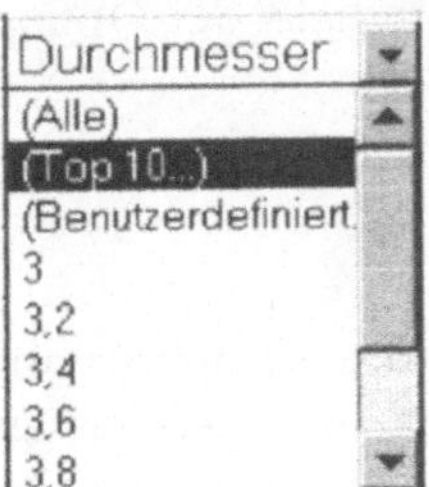

Wählen Sie hier „3,6" durch Anklicken aus. Es erscheint daraufhin nur der Datensatz mit Durchmesser d = 3,6 mm. Gleichzeitig ändert sich die Farbe des Spalten- und Zeilenkopfes und des Pfeils und alle anderen Zeilen werden nicht mehr angezeigt! In der Statusleiste am unteren Bildschirmrand wird gemeldet: „1 von 6 Datensätze gefunden". Das soll Ihnen mitteilen, daß von den sechs möglichen Datensätzen ein Datensatz in die Filterauswahl „3,6" gefallen ist. Wählen Sie im Auswahlfenster der Zelle A17 den Eintrag „(Alle)" aus, erscheinen wieder alle Datensätze bzw. Zeilen auf dem Bildschirm. D.h. durch den Filter geht nichts verloren, es wird lediglich ausgeblendet.

Um einen Bereich anzeigen zu lassen, wählen Sie den Filter „Benutzerdefinert" aus.

Bild 5-13:
Benutzerdefi-
nierter AutoFilter

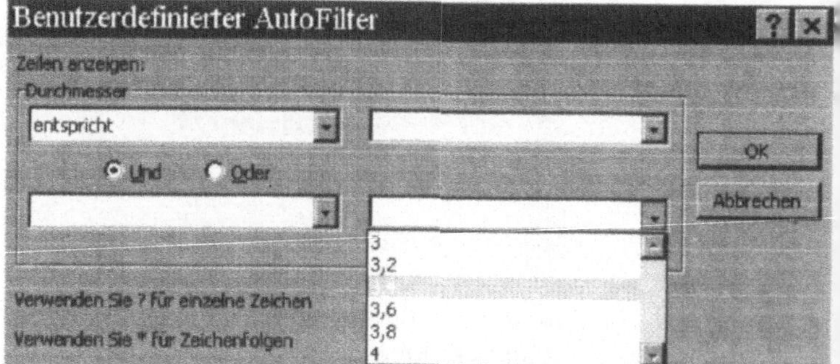

Im Dialogfeld „Benutzerdefinierter AutoFilter" (Bild 5-13) können Sie, wie Sie es von den Suchkriterien der Datenmaske her kennen, Vergleichsoperatoren einsetzen, um detaillierter aus der Datenbank herauszufiltern. Dabei können Sie nicht nur ein, sondern gleich zwei Filterkriterien (jeweils die Felder oberhalb und unterhalb der Optionsfelder „Und" und „Oder") vergeben.

Klicken Sie den Pfeil des (Symbol oberhalb der „Und"-„Oder"-Optionsfelder) an, um den ersten Filteroperator zu setzen.

Bild 5-14:
Auswahlliste

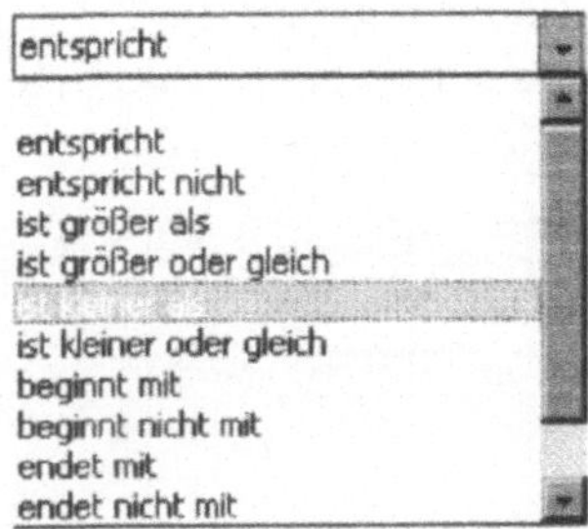

Wählen Sie aus der Auswahlliste „ist kleiner als" aus. Klicken Sie anschließend den Pfeil des rechts daneben liegenden Kästchens an, um den Wert der Filtergrenze festzulegen. Es erscheint folgende Liste:

Bild 5-15:
Auswahlliste

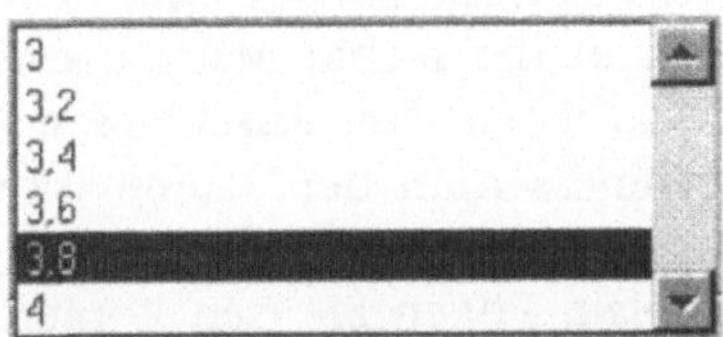

Wählen Sie „3,8" aus. Sie haben nun das erste Filterkriterium „alle Durchmesser anzeigen, die kleiner 3,8 mm sind" eingestellt. Dies markiert in der Filterung die obere Grenze. Die untere Grenze richten Sie ein, indem Sie den Filter unter dem „Und"- „Oder"-Optionsfeld wie folgt einstellen: Als Vergleichsoperator geben Sie „ist größer als" und für den Wert „3,2" ein.

Das Optionsfeld „Und/Oder" lassen Sie auf „Und" stehen. Damit erreichen Sie, daß die Filter einen Bereich einschränken. Mit „Oder" könnten Sie nach zwei unterschiedlichen Kriterien filtern lassen.

Schließen Sie das Dialogfeld „Benutzerdefinierter AutoFilter" mit „OK". Sie bekommen die Federkennwerte für Drahtdurchmesser zwischen 3,2 mm und 3,8 mm angezeigt.

Es besteht auch die Möglichkeit, Filter in mehreren Datenfeldern zu setzen. Zum Beispiel können Sie alle Durchmesser die größer 3,2 mm und alle maximale Zugfestigkeitswerte der Drahtsorte C, die kleiner gleich 1970 N/mm^2, sind anzeigen lassen. Das Ergebnis sehen Sie in Bild 5-16.

Bild 5-16:
Mehrfachfilterung

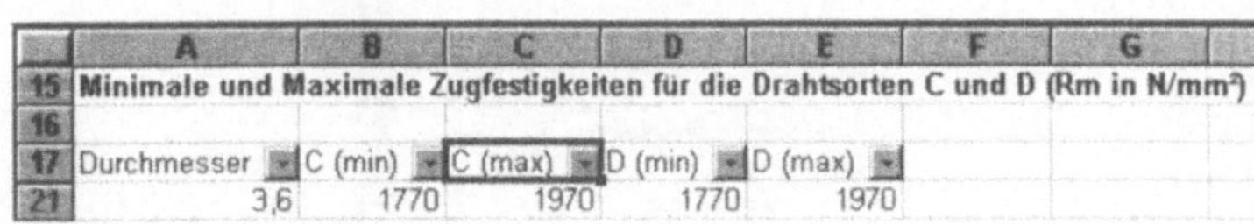

	A	B	C	D	E	F	G
15	Minimale und Maximale Zugfestigkeiten für die Drahtsorten C und D (Rm in N/mm²)						
16							
17	Durchmesser	C (min)	C (max)	D (min)	D (max)		
21	3,6	1770	1970	1770	1970		

Hinweis

Alle Datensätze können Sie einfach wieder anzeigen lassen, indem Sie im Menü „Daten" - „Filter" den Eintrag „Alle anzeigen" anwählen.

Den Drahtdurchmesser kopieren Sie in Ihr Berechnungsblatt, indem Sie die Zelle A21 markieren. Rufen Sie die Kopierfunktion über das Kontextmenü (mit dem Mauszeiger auf die Zelle gehen und die rechte Maustaste drücken) oder über das Menü „Bearbeiten" auf. Anschließend gehen Sie vor, wie Sie den Durchmesser aus der Datenmaske kopiert haben. Mit einem Klick auf das Blattregister „Tabelle1" wechseln Sie zum Berechnungsblatt. Fügen Sie den kopierten Drahtdurchmesser in Zelle C17 mit dem Befehl „Einfügen" aus dem Kontextmenü ein.

Anmerkung

Verwenden Sie, wo immer es möglich ist, das Kontextmenü. Es vereinfacht das Arbeiten mit Excel erheblich.

Sie haben die Suchmöglichkeiten in einer Datenbank kennengelernt. Mit welchem Suchen Sie arbeiten, bleibt Ihnen überlassen. Wir empfehlen Ihnen, das Suchen mit den Filtern durchzuführen, da diese Funktion transparenter ist als das Suchen mit der Datenmaske. Benutzen Sie die Maske am besten nur, um Daten zu erfassen.

Für die weitere Berechnung benötigen wir den Schubmodul G. Wechseln Sie über das Register „Tabelle 1" in das Berechnungsblatt und geben Sie ein:

Eingabe

Zelle B18; G [N/mm²] =

Kopieren Sie den Wert für die Drahtsorte C aus „Tabelle 2", Zelle B9, in Zelle C18 des Berechnungsblattes.

Formatieren Sie die Zellen B17 und C17 wie die übrigen Zellen.

Weitere Informationen in Excel 5.0

- Benutzerhandbuch Teil 4, Kapitel 20: Verwenden einer Liste zum Organisieren von Daten.

- Hilfefunktion „Suchen", Stichwort: Suchkriterien, Thema: Verwenden einer Datenmaske zum Suchen von Datensätzen anhand von Suchkriterien.

- Benutzerhandbuch Teil 4, Kapitel 21: Sortieren und Filtern von Daten in einer Liste.

- Hilfefunktion „Suchen", Stichwort: Filtern von Listen, Thema: Übersicht über das Filtern von Daten in einer Liste.

- Beispiele und Demos, Stichwort: Organisieren von Daten in einer Liste, Thema: Filtern einer Liste mit Auto-Filtern.

5.4 Ableiten eines aufgabenspezifischen Tabellenblattes

In umfangreichen Tabellen ist es manchmal sinnvoll, die Datenmenge auf das Wesentliche zu reduzieren.

In unserem Demobeispiel sollen dies für die Federkennwerte durchgeführt werden. Die Datenbanktabelle soll auf die Drahtsorte „C" reduziert werden. Legen dazu Sie ein aufgabenspezifisches Tabellenblatt für die maximale Zugfestigkeit der Drahtsorte „C" an.

Das hört sich komplizierter an als es ist. Sie kopieren einfach Ihre bestehende Datenbanktabelle. Dazu markieren Sie das Tabellenblatt „Tabelle2" mit einem Klick auf das Blattregister. Rufen Sie das Kontextmenü für Blattregister auf, indem Sie mit der rechten Maustaste klicken, während Sie sich mit dem Mauszeiger auf dem markierten Blattregister befinden. Dort wählen Sie den Eintrag „Blatt verschieben/kopieren..." an.

Ebenso hätten Sie im Menü „Bearbeiten" den Eintrag „Blatt verschieben/kopieren..." auswählen können.

Bild 5-17:
Dialogfeld Blatt verschieben/kopieren

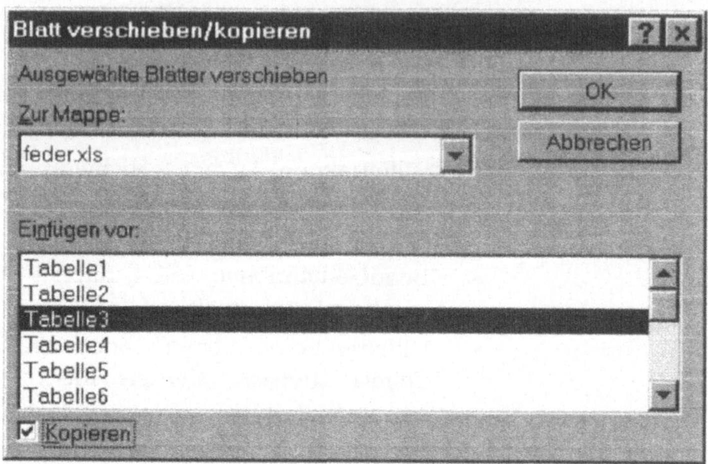

Nehmen Sie im Dialogfeld „Blatt verschieben/kopieren" die Eintragungen vor, wie sie in Bild 5-17 zu sehen sind.

Das Datenbankblatt wird kopiert und vor „Tabelle3" in die Blattregister eingetragen. Langsam werden die Blattregister unübersichtlich. Wer erinnert sich schon einen Tag später noch daran, daß in „Tabelle2 (1)" die Kennwerte der Drahtsorte „C" abgelegt sind? Das Register muß einen eindeutigen Namen bekommen. Doppelklicken Sie dazu mit der linken Maustaste auf das Blattregister „Tabelle2 (1)" und schreiben Sie einen neuen Namen hinein. Der Name darf dabei 31 Zeichen nicht überschreiten. Verwenden Sie einen Namen, den Excel nicht akzeptieren kann, so erscheint eine Meldung. Geben Sie dem Tabellenblatt zweckmäßigerweise den Namen „Federdaten C". Benennen Sie die beiden ersten Tabellen wie in Bild 5-19 abgebildet.

Bild 5-19:
Neue Tabellennamen

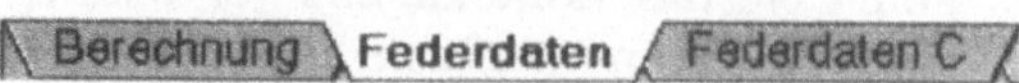

Um nur die Kennwerte der Drahtsorte C zu sehen, haben Sie die Möglichkeit, einzelne Spalten und Zeilen auszublenden.

Zum Ausblenden von Spalten oder Zeilen müssen Sie diese zuvor markieren. Um die Gleitmodule der Drahtsorten A und B auszublenden, markieren Sie zunächst im Tabellenblatt „Federdaten C" die Zeilen 7 und 8. Dazu bewegen Sie den Mauszeiger auf den Zeilenkopf der Zeile 7. Achten Sie dabei auf den Mauszeiger. Dieser muß die Form des breiten Kreuzes beibehalten. Drücken Sie die linke Maustaste und ziehen Sie die Maus nach unten über den Zeilenkopf der Zeile 8.

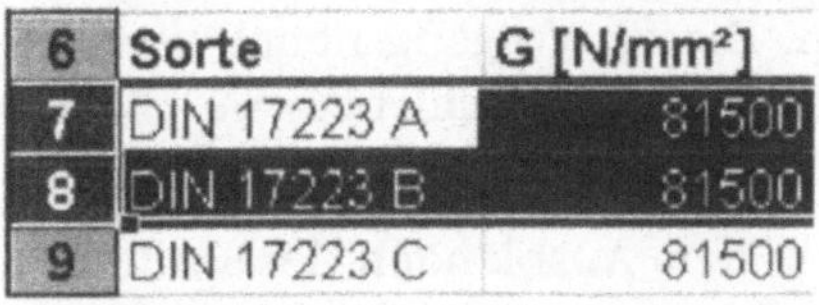

Bild 5-20:
Markierte Zeilen
7 und 8

6	Sorte	G [N/mm²]
7	DIN 17223 A	81500
8	DIN 17223 B	81500
9	DIN 17223 C	81500

Die Markierung sieht dann aus, wie ausschnittsweise in Bild 5-20 dargestellt. Drücken Sie über der Markierung die rechte Maustaste, um zum Kontextmenü zu gelangen. Dort wählen Sie den Eintrag „Ausblenden" an. Die markierten Zeilen werden nicht mehr angezeigt. Sie erkennen das daran, daß auf die Zeile 6 sofort die Zeile 9 folgt.

Blenden Sie, wie zuvor beschrieben, die Zeilen 10 bis 13 aus.

Sicherlich können Sie sich denken, daß die Spalten ebenfalls ausgeblendet werden können. Auch hier markieren Sie zunächst die Spalten D bis E, indem Sie mit gedrückter linker Maustaste die Spaltenköpfe D bis E überstreichen. Über das Kontextmenü und „Ausblenden" wird die Anzeige der ausgewählten Spalten unterdrückt.

Die minimale Zugfestigkeit der Drahtsorte „C" in Spalte B auszublenden, wäre ein Eigentor. Weiter oben in Spalte B steht nämlich der Schubmodul. Um dies dennoch zu ermöglichen verschieben Sie den Schubmodul mit der Werkstoffsortenangabe nach rechts. Markieren Sie dazu die Zellen A6 bis B9, indem Sie diese bei gedrückter linker Maustaste von links oben nach rechts unten überstreichen. Bewegen Sie dann den Mauszeiger an den Rand des markieren Bereiches (die linke Maustaste lassen Sie dabei wieder los). Ist der Mauszeiger genau auf dem Rand, ändert er seine Form (Bild 5-21).

Bild 5-21:
Block verschieben

Drücken Sie jetzt wieder die linke Maustaste und bewegen Sie dazu die Maus nach rechts. Ein dünner Schatten des markierten Bereiches folgt der Maus. Bewegen Sie die Maus so lange, bis der Schatten die Zellen G6 bis H9 überlagert. Lassen Sie die Maustaste los, wird der ausgewählte Bereich verschoben. Diesen Vorgang nennt man „Ziehen und Ablegen" (Drag & Drop). Verschieben Sie die Überschrift „Federn - Daten und Kennwerte" in die Spalte A.

Nun steht dem Ausblenden der Spalte B nichts mehr im Weg.

Hinweis

Wenn Sie nur eine Spalte ausblenden wollen, können Sie mit einem Mausklick die Spalte markieren und gleichzeitig das Kontextmenü aufrufen. Dazu Klicken Sie mit der rechten Maustaste in den Spaltenkopf.

Das Datenblatt ist nun soweit reduziert, daß nur noch Daten der Drahtsorte C sichtbar sind. Keine Angst, die restlichen Daten sind nicht verloren gegangen! Um die ausgeblendeten Spalten wieder einzublenden, markieren Sie die Nachbarspalten der ausgeblendeten Spalten. Wollen Sie zum Beispiel die Spalten B, D und E wieder einblenden, markieren Sie die Spalten A und F. Über den Befehl „Einblenden" aus dem Kontextmenü erscheinen die ausgeblendeten Spalten wieder.

Wie Sie sehen, ist das Ausblenden von Tabellenbereichen ein wirksames Mittel, um unter Umständen die Übersichtlichkeit zu erhöhen, ohne Zellen zu verlieren. So können Sie z.B. das Aus- und Einblenden von Spalten und Zeilen auch dazu benutzen, die Anzeige für Ihre Berechnung zu reduzieren. Zum Beispiel könnten Sie die Zwischenberechnungen ausblenden, da sie nur dazu genutzt werden, um Hilfsgrößen für die weitere Berechnung zu bestimmen.

Anmerkung

Selbstverständlich hätten Sie auch die ausgeblendeten Zeilen und Spalten ganz löschen können. Wenn Sie das wollen, benutzen Sie statt „Ausblenden" den Befehl „Zellen löschen". Bedenken Sie dabei, daß Gelöschtes natürlich verloren ist!

Weitere Informationen in Excel 5.0

- Benutzerhandbuch Teil 7, Kapitel 32: Ändern der Tabellenansicht.

- Hilfefunktion „Suchen", Stichwort: Ausblenden von Zeilen, Thema: Ein- und Ausblenden einer Zeile oder Spalte.

- Beispiele und Demos, Stichwort: Formatieren einer Tabelle, Thema: Aus- und Einblenden von Spalten und Zeilen.

6 Das Arbeitsblatt als Werkzeug

In der bisherigen Berechnung haben Sie nur die Grundfunktionen von Excel genutzt. In dem folgenden Kapitel 6 sollen Ihnen weitere Leistungsmerkmale von Excel aufgezeigt werden, die den Einsatz eines Arbeitsblattes zu einem sinnvollen Werkzeug werden läßt.

6.1 Komfortable Formeleingabe

Das Erstellen von Formeln in Excel erfordert einige Aufmerksamkeit. Sie müssen immer wissen, in welchen Zellen sich die Variablen Ihrer Formel befinden. Bei einer kompakten Anordnung der Berechnung, wie sie bis jetzt unser Demobeispiel darstellt, ist dies nicht besonders schwierig. Geht die Berechnung jedoch über die Bildschirmseite hinaus, verliert man schnell die Übersicht über die einzelnen Zelladressen.

Diesen Umstand kann man dadurch umgehen, daß man während der Formeleingabe nicht die Zelladressen eingibt, sondern die Richtungstasten oder den Mauszeiger dazu benutzt, um die entsprechende Zelle anzuwählen. Bevor Sie dies ausprobieren, geben Sie im Blatt „Berechnung" (ehemals „Tabelle 1") für die weitere Berechnung ein:

Eingabe   **Zelle B21; Kennwerte**

Eingabe   **Zelle B23; D [mm] =**

Anhand der Formel für den mittleren Durchmesser in Zelle C23 sollen Sie das Auswählen der Zelladresse üben.

$$D = D_e - d$$

Geben Sie dazu in Zelle C23 ein „="-Zeichen ein.

Eingabe   **Zelle C23; =**

Probieren Sie zuerst die Auswahl über die Richtungstaste ⬆ aus! Durch Drücken der Richtungstaste ⬆ wird, in der Statusleiste am unteren Bildrand sichtbar, vom Status „Eingabe" in den Status „Zeigen" umgeschaltet. Der Zeiger, den Sie mit den Richtungstasten steuern können, wird durch ein dünnes umlaufendes Band gekennzeichnet. Bewegen Sie den Zeiger auf die Zelle C10. Beobachten Sie dabei, wie in der bearbeiteten Zelle C23 die Zelladresse des Zeigers eingeblendet wird. Haben Sie die Zelle C10 erreicht, schreiben Sie Ihre Formeln einfach weiter durch Drücken der ⊡-Taste. Der Status wechselt wieder in „Eingabe". Zeigen Sie dann auf die Zelle C17, um die Formel zu vervollständigen.

Die Funktion Zeigen können Sie auch im Bearbeitungsmodus anwenden z.B. zur Fehlerkorrektur. Nehmen wir an, Sie hätten zuvor statt der Zelle C17 die Zelle C18 ausgewählt und die Eingabe schon abgeschlossen. Um die Formel zu bearbeiten, doppelklicken Sie auf die Zelle C23 und überschreiben übungshalber die 17 mit einer 18. Markieren Sie die fehlerhafte Zelladresse, indem Sie den Text „C18" bei gedrückter linker Maustaste mit dem Mauszeiger überstreichen (Bild 6-1).

Bild 6-1:
Markierte Zelladresse

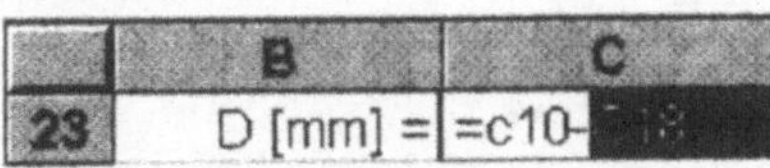

Um jetzt den Status „Zeigen" einzuschalten, müssen Sie zunächst mit der Taste F2 den Status „Eingeben" einschalten. Danach bewegen Sie wie zuvor den Zeiger mit den Richtungstasten auf die Zelle C17. Um wieder in den Status „Bearbeiten" zurückzukehren, drücken Sie nochmals die Taste F2.

Liebhaber des Arbeitens mit der Maus werden es zu schätzen wissen, daß man den Zeigemodus genauso mit der Maus verwenden kann. Wiederholen Sie die Formeleingabe, nachdem Sie den Inhalt der Zelle C23 gelöscht haben. Nach Eingabe des „="-Zeichens Klicken Sie zuerst die Zelle C10 an, geben dann „-" ein und schließen durch Klicken auf C17 ab. Entscheiden Sie sich selbst, was Ihnen sympathischer ist!

6.2 Variablennamen verwenden

Die Eingabe der Zelladressen über „Zeigen" stellt schon einen erheblichen Vorteil gegenüber dem Merken der Zelladressen da. Aber es geht noch etwas komfortabler: Sie verwenden **Zellnamen**. Nun, was sind Zellnamen? Zellnamen sind nichts anders als Synonyme für Zelladressen. Man kann auch sagen, Zellnamen sind die Spitznamen der Zelladressen.

Sie können jeder Zelle einen frei wählbaren Namen vergeben. Statt in eine Formel Zelladressen einzusetzen, geben Sie den Namen der Zelle ein. Das „frei wählbar" darf, wie schon bei der Vergabe eines Blattnamens, nicht all zu wörtlich genommen werden.

Um die Windungszahl n zu bestimmen, sollen in der Berechnungsformel Namen an Stelle von Zelladressen verwendet werden. Die Berechnungsgleichung lautet für den Orientierungswert n' nach Kapitel 2:

$$n' = \frac{G}{8} \cdot \frac{d^4 \cdot s_h}{D^3 \cdot \Delta F_{vor}}$$

Schubmodul G, gewählter Drahtdurchmesser d, Hub s_h, mittlerer Windungsdurchmesser D und die Kraft ΔF_{vor} müssen, bevor sie in der Formel mit Namen angesprochen werden können, entsprechend bezeichnet werden. Dazu wählen Sie die Zelle für den Schubmodul, C18, aus. Anschließend Klicken Sie den Menüpunkt „Festlegen…" im Menü „Einfügen" - „Namen" an. Das Dialogfeld „Namen festlegen" (Bild 6-2) erscheint.

Bild 6-2:
Dialogfeld Name festlegen

Unter „Namen in der Arbeitsmappe" wird Ihnen ein Namen für die „Zugeordnet zu"-Zelle vorgeschlagen. Überschreiben Sie den Vorschlag mit „G" und bestätigen die Eingabe mit der Schaltfläche „OK". Im Namensfeld erscheint nun der Zellnamen „G" anstelle der Zelladresse C18. So lange Sie die linke Maustaste gedrückt halten, während Sie mit der Maus auf die Zelle C18 zeigen, wird der Zellnamen im Namensfeld ausgeblendet und die Zelladresse wird angezeigt. Noch eleganter können Sie Zellnamen vergeben, indem Sie die Zellbezeichnung im Namenfeld (zur Erinnerung Bild 3.7) anklicken und einfach überschreiben!

Benennen Sie die Zellen, wie in folgender Tabelle abgebildet:

Variable	Zelle	Name
d	C17	d_
s_h	C11	s_h
D	C23	D
ΔF_{vor}	F10	delta_F_vor

Hinweis

Sicher haben Sie sich gewundert, warum die Variable d mit „d_" bezeichnet wurde. Für die Versionen Excel 5 und 7 gilt: Würden Sie nur „d" als Name verwenden, würde bei der Eingabe der Formel in C24 „d" in „D" geändert. Also: alleinstehende Kleinbuchstaben sind verboten! Diese Restriktion besteht bei Excel 97 nicht mehr!

Da nun alle Variablen mit Namen versehen sind, können Sie in die Zellen B24 und C24 die Formel für die Anzahl der federnden Windungen eingeben.

Eingabe **Zelle B24; n' [-] =**

Eingabe **Zelle C24; =G*d_^4*s_h/(8*D^3*delta_F_vor)**

Sie sehen, die Formel sieht fast so aus, wie sie in Ihrer Formelsammlung zu finden ist. Mit Sicherheit fällt es Ihnen leichter, mit Namen zu arbeiten als mit Zelladressen. Allerdings können Sie die Formel nicht mehr mit der Zeigefunktion schreiben, wie oben für die Zelladressen dargestellt. Sie müssen den Text vollständig eingeben, was natürlich auch Fehler erzeugen kann. Also: Probieren geht über Studieren!

Ein weiteres Problem läßt die Namensverwendung nur eingeschränkt zu: Sie können jeden Namen nur einmal innerhalb einer Arbeits**mappe** vergeben, es sei denn Sie geben einen zusätzlichen Bezug zum Tabellenblatt an. Dies bedeutet, daß ein „G" im Tabellenblatt „Berechnung" der Arbeitsmappe „Feder" nur dort vorkommen kann. Wollen Sie zum Beispiel im Tabellenblatt „Federdaten" ebenfalls den Namen „G" vergeben, wird das „G" in „Berechnung" gelöscht und dem Tabellenblatt „Federdaten" zugewiesen. Um dies dennoch zu ermöglichen, müssen Sie in „Federdaten" den Namen „Federdaten!G" vergeben". Der Name „G" wird durch ein Ausrufungszeichen vom Tabellennamen abgetrennt. Sie denken sicherlich: wozu brauche ich denn in „Federdaten" ein Zellnamen „G"? Nun, vielleicht nicht in „Federdaten" aber die Probleme sehen Sie schon im nächsten Kapitel! Sie sehen aber, daß die Namengebung zu einem aufwendigen Vorgang wird, wenn auch noch der Tabellennamen vorangestellt werden muß.

Wollen Sie einen Namen wieder löschen, rufen Sie einfach das Dialogfeld „Namen festlegen" auf und wählen Sie aus der Liste den entsprechenden Namen aus. Drücken Sie daraufhin die Taste „Löschen".

Eine weitere Funktion in Verbindung mit „Namen" ist die Funktion „Namen anwenden". Mit ihr ist es möglich, in Formeln bereits bestehende Zelladressen in Namen umzuwandeln. Diese Funktion werden Sie im Kapitel „6.3 Varianten berechnen" näher kennenlernen.

Belassen Sie die Namengebung bei dem vorstehenden Beispiel. Um eine Formel besser lesen zu können, sind Namen zwar nützlich. Jedoch man erkauft diesen Vorteil durch den erhöhten Zeitaufwand bei der Namengebung und unter Umständen auch beim Formelschreiben, wenn man nicht die

Zeigefunktion verwenden kann. Wir empfehlen deshalb, auf die Namensgebung zu verzichten.

Weitere Informationen in Excel 5.0

- Benutzerhandbuch Teil 2, Kapitel 10: Erstellen von Formeln und Verknüpfungen.

- Hilfefunktion „Suchen", Thema: Namen erstellen, Stichwort: Überblick über das Arbeiten mit Namen.

- Beispiele und Demos, Stichwort: Erstellen von Formeln und Verknüpfungen, Thema: Arbeiten mit Namen.

6.3 Varianten berechnen

Bevor Sie eine erste Feder und weitere Varianten berechnen können, müssen Sie zuerst das Berechnungsblatt vervollständigen. Die entsprechenden Berechnungsgleichungen finden Sie im Kapitel 2 „Das Demobeispiel". Im folgenden wird darauf verzichtet, die Gleichungen noch einmal anzugeben. Sollten Ihre Ergebnisse von den Werten in den folgenden Bildern abweichen, stimmen Ihre Formeln oder Formelbezüge nicht. Testen Sie, wie sicher Sie bereits sind - und vergessen Sie die Hilfe nicht, die der Detektiv bietet.

Ergänzen Sie den Berechnungsbereich und die zugehörige Zwischenberechnung, wie in Bild 6-3 dargestellt.

Bild 6-3: Berechnung erweitern

	B	C	D	E	F
21	Kennwerte			Zwischenberechnung	
22					
23	D [mm] =	31,40		ΔF [N] =	30,71
24	n'[-] =	4,40		F_2 [N] =	344,86
25	R [N/mm] =	12,28			
26	n [-] =	4,50			
27	n_T [-] =	6,50			

Um die Dauerfestigkeit der Feder zu überprüfen, berechnen Sie die folgenden Werte und bestimmen die Werkstoffkennwerte wie in Bild 6-4 dargestellt.

Bild 6-4:
Dauerfestigkeit
berechnen

	B	C	D	E	F
30	Dauerfestigkeitsberechnung			Werkstoffkennwerte	
31					
32	$w\ [-] =$	8,72		$\tau_{kU}\ [N/mm^2] =$	623
33	$k\ [-] \sim=$	1,16		$\tau_{kO}\ [N/mm^2] =$	880
34	$\tau_{ku}\ [N/mm^2] =$	622,83		$\tau_{kH}\ [N/mm^2] =$	257
35	$\tau_{ko}\ [N/mm^2] =$	683,70			
36	$\tau_{kh}\ [N/mm^2] =$	60,87			
37	$S\ [-] =$	4,22			

Die Werkstoffkennwerte sind dem Goodman-Diagramm im Anhang entnommen.

Die Federlängen werden als nächstes berechnet (Bild 6-5).

Bild 6-5:
Federlängen
berechnen

	B	C	D	E	F
40	Federlängen			Zwischenberechnung	
41					
42	$L_c\ [mm] =$	23,40		$s_1\ [mm] =$	28,08
43	$S'_a\ [mm] =$	5,20			
44	$L_n\ [mm] =$	28,60			
45	$L_1\ [mm] =$	31,10			
46	$L_2\ [mm] =$	28,60			
47	$L_0\ [mm] =$	56,68			

Der Blockspannungsnachweis wird anschließend durchgeführt (Bild 6-6). In Zelle C55 ist eine logische Abfrage eingetragen. Es soll überprüft werden, ob $\tau_C < \tau_{C\ zul}$ ist. Geben Sie dazu ein:

Eingabe   Zelle B55; $\tau_C < \tau_C$ zul ?

Eingabe   Zelle C55; =C52<C54

Ist die Bedingung in Zelle C55 erfüllt, ist die Antwort „WAHR". Auf dies Weise können auch logische Aussagen gemacht werden (siehe Kapitel 9.2.4 "Logikfunktionen").

Bild 6-6:
Blockspannungsnachweis berechnen

	B	C	D	E	F
50	Blockspannungsnachweis			Zwischenberechnung	
51					
52	τ_c [N/mm²] =	700,55		F_c [N] =	408,77
53	R_m [N/mm²] =	1770			
54	τ_{Czul} [N/mm²] =	991,20			
55	$\tau_{Czul} < \tau_{Czul}$?	WAHR			

Als letztes wird die Knicksicherheit (Bild 6-7) überprüft.

Bild 6-7:
Überprüfung der Knicksicherheit

	B	C
55	Knicksicherheit	
56		
57	v [-] =	0,5
58	Schlankheitsgrad =	0,9
59	s/L_0 [-] =	0,5

Mit diesen Werten können Sie in das Diagramm „Theoretische Knickgrenze von Schraubenfedern" (siehe Anhang) gehen. Eventuell Vermerken Sie noch in Zelle 63 den Text:

Eingabe

Zelle B63; Die Feder ist knicksicher!

Nachdem nun alle Berechnungen der ersten Variante durchgeführt wurden, können Sie weitere Varianten berechnen. Doch zuvor speichern Sie zur Sicherheit das Berechnungblatt ab. Gehen Sie dazu vor, wie in Kapitel 4.3 „Das Berechnungsblatt speichern" beschrieben.

Um eine Berechnungsvariante zu erzeugen, haben Sie mehrere Möglichkeiten.

- Sie können Werte in Ihrer Berechnung ändern und dann unter einen anderen Namen speichern.

- Sie kopieren den kompletten Berechnungsablauf und fügen ihn rechts versetzt wieder in das Berechnungsblatt ein.

- Sie kopieren das Berechnungsblatt innerhalb der Arbeitsmappe.

Das Kopieren innerhalb der Arbeitsmappe sollten Sie bei mehreren Varianten bevorzugen. Das Verfahren kennen Sie: Sie haben es schon einmal für das aufgabenspezifische Tabellenblatt gemacht (siehe Kapitel 5.4). Mehrere Varianten und somit auch Berechnungsblätter sind dabei gut voneinander getrennt. Man kann gut zwischen den einzelnen Berechnungen vergleichen, indem man mit den Blattregistern recht schnell zwischen den einzelnen Varianten umschaltet.

Markieren Sie das Blattregister „Berechnung" durch einen Klick mit der Maus. Wählen Sie aus dem Kontextmenü für das Blattregister den Eintrag „Blatt verschieben/kopieren" aus und kopieren Sie das Berechnungsblatt vor „Tabelle3" (Optionskästchen „kopieren" muß aktiviert sein). Benennen Sie die kopierte Tabelle „Berechnung (2)" in „Variante 1" um.

Nach diesem Muster können Sie weitere Varianten der Federberechnung vorbereiten. Leiten Sie weitere Varianten immer vom Tabellenblatt „Berechnung" ab. Die „Berechnung" soll als Musterberechnung dienen und daher unverändert bleiben.

Haben Sie Ihre Variante(n) vorbereitet, können Sie an entsprechender Stelle Änderungen vornehmen. Ändern Sie z.B. in Variante 1 den Außendurchmesser D_e auf 45 mm ab. Beobachten Sie dabei, wie sich die abhängigen Zellen in der Anzeige ändern. Passen Sie den gewählten Drahtdurchmesser auf 4 mm an und wählen Sie für die Anzahl der federnden Windungen n = 6,5.

Tragen Sie die Werkstoffkennwerte nach Bild 6-8 ein.

Bild 6-8:
Die Werkstoffkennwerte

	E	F
30	Werkstoffkennwerte	
31		
32	τ_{kU} [N/mm²] =	580
33	τ_{kO} [N/mm²] =	870
34	τ_{kH} [N/mm²] =	290

Hinweis

Sie sehen, daß sich bei der Berechnung von Varianten natürlich nicht die *gewählten* Werte ändern. Da davon aber die ganze Weiterrechnung abhängt, dürfen Sie also keinen Wert bei der Neuauswahl übersehen. Wir empfehlen Ihnen deshalb, die Zellen, in die von Ihnen Eingaben gemacht werden müssen, besonders zu kennzeichnen. Besonders empfehlenswert ist eine Einfärbung, die Sie leicht über nebenstehendes Symbol machen können. Wählen Sie vorher mit dem Pfeil nach unten eine geeignete Farbe aus. Denken Sie dabei auch an den Ausdruck. Vielleicht sollten Sie sich auf ein Hellgrau beschränken. Alternativ käme auch ein Rahmen in Betracht. Wollen Sie mehrere Eingaben besonders schnell markieren, lesen Sie im Kapitel 8 „Routinearbeiten vereinfachen: Makros" nach.

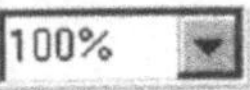

Sie sollten jetzt noch ein paar Varianten berechnen, um zu sehen, wie Sie mit dem Vergleich der Ergebnisse zurecht kommen. Empfehlenswert ist, alle Berechnungsblätter mit den Bildlaufleisten so einzustellen, daß Sie dieselben Bildausschnitte sehen. Reicht der Bildausschnitt nicht aus, um die gewünschten Ergebnisse auf einem Blick zu übersehen, können Sie für die Darstellung einen anderen Maßstab wählen. Stellen Sie z.B. mit nebenstehenden Auswahlfeld 75% ein!

6.4 Berechnung vor unerwünschten Änderungen schützen

Eine mit einem dokumentenechten Stift niedergeschriebene Berechnung ist vor unbefugten Änderungen geschützt, es sei denn Betrüger machen sich ans Werk. Auch im EDV-Bereich ist der Schutz vor Änderung ein großes Thema. Werden PCs von mehreren Leuten gemeinsam genutzt oder laufen die PCs in Netzwerken, können unbefugte Benutzer leicht an Ihre Berechnung gelangen und sie eventuell verändern. Vielleicht wollen Sie aber auch für sich selbst die mühsam erarbeitete Unterlagen vor unbeabsichtigter Änderung schützen.

Durch eine Option läßt sich das leicht realisieren. Aktivieren Sie das Arbeitsblatt „Variante 1". Dieses Blatt schützen Sie, indem Sie den Menüpunkt „Blatt..." im Menü „Extras" - „Dokument schützen" aufrufen. Es erscheint das Dialogfeld nach Bild 6-9.

Bild 6-9:
Dialogfeld Blatt
schützen

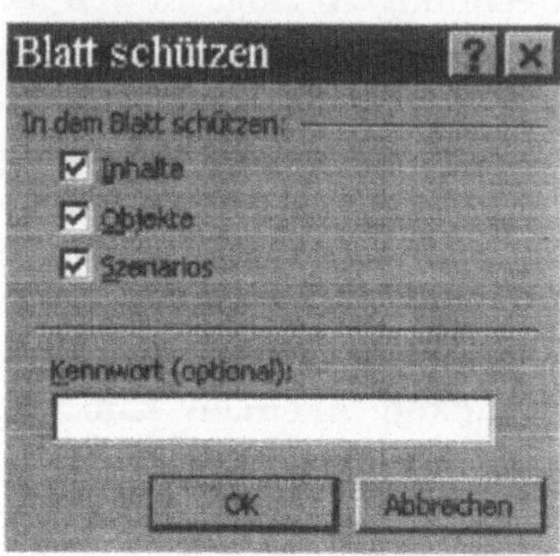

Das Eingeben eines Kennworts ist optional, d. h. Sie können mit „OK" das Dialogfeld „Blatt schützen" schließen, ohne ein Kennwort zu vergeben. Dennoch ist das Blatt vor Änderungen geschützt.

Wenn Sie wollen, geben Sie ein Kennwort ein. Nach der Eingabe des Kennwortes werden Sie aufgefordert, das Kennwort nochmals einzugeben. Machen Sie dabei eine Falscheingabe, gelangen Sie in das Dialogfeld „Blatt schützen" zurück. Dort können Sie nochmals das Kennwort eingeben.

Hinweis

Der Schutz gilt nur für das über das Register angewählte Blatt. Erzeugen Sie Kopien von diesem Blatt, werden Änderungsschutz und Kennwort mitgenommen!

Probieren Sie jetzt einmal aus, ob Sie in „Variante 1" etwas ändern können. Sie werden feststellen, daß alles geschützt ist. Sicher ist es gut, daß niemand Ihre Formeln ändern kann. Schlecht ist jedoch, daß Sie auch keine anderen Werte mehr durchrechnen können. Sie ahnen es bestimmt - auch hierfür gibt es eine Lösung! Sie können einzelne Zellen vom Blattschutz befreien.

Um dieses Attribut einer Zelle zu ändern, müssen Sie zunächst den Blattschutz wieder aufheben. Gehen Sie dazu wieder in das Menü „Extras" - „Dokument schützen" und wählen dort den Eintrag „Blattschutz aufheben" aus.

Bild 6-10:
Dialogfeld Blattschutz aufheben

In der daraufhin erscheinenden Dialogfeld (Bild 6-10) geben Sie das Kennwort ein, welches Sie zuvor vergeben haben. Sollten Sie das Dialogfeld „Blatt schützen" ohne die eine Eingabe eines Kennwortes mit „OK" geschlossen haben, erscheint die Dialogbox „Blattschutz aufheben" (Bild 6-10) nicht. Das Blatt ist sofort für Änderungen zugänglich.

Markieren Sie den Eingabebereich C7 bis C11 und rufen Sie über das Menü „Format" - „Zellen..." das Dialogfeld „Zellen formatieren" auf. Genauso können Sie auf die rechte Maustaste klicken, um im darauffolgendem Kontextmenü „Zellen formatieren" auszuwählen. Wählen Sie dort das Register „Schutz" an.

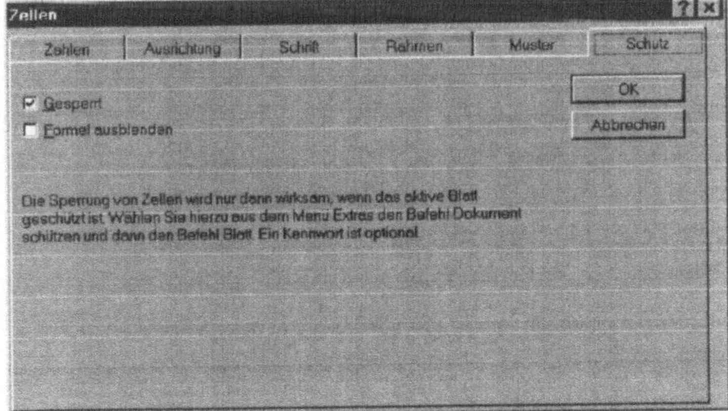

Bild 6-11:
Dialogfeld Zellen formatieren - Schutz

Deaktivieren Sie „Gesperrt", um für die markierten Zellen den Zellschutz aufzuheben. Schließen Sie das Dialogfeld mit „OK". Schützen Sie das Blatt erneut mit einem Kennwort. Sie können nun die Werte im Eingabebereich ändern. Die anderen Zellen dagegen sind nach wie vor geschützt.

Auf diese Art heben Sie für alle Zellen den Schutz auf, bei denen Sie eine Eingabe tätigen müssen. Auch hier ist es hilfreich, wenn Sie sich diese Zellen vorher durch eine Farbe oder einen Rahmen kenntlich gemacht haben.

Um einen kompletten Dateischutz vorzunehmen, müssen Sie noch weitere Vorkehrungen treffen. Bisher haben Sie den Zellschutz für „Variante 1" hergestellt. Alle anderen Blätter sind noch ungeschützt. Aktivieren Sie diese nacheinander und vergeben auch hier ein Kennwort. Dieses Kennwort kann mit dem ersten Kennwort identisch sein.

Wollen Sie auch den Aufbau Ihrer Arbeitsmappe schützen, müssen Sie als nächsten Schritt ein Kennwort auf der Arbeitsmappenebene vergeben. Dazu gehen Sie wieder in das Menü „Extras" – „Schutz" und wählen dort „Arbeitsmappe..." aus.

Bild 6-12:
Dialogfeld Arbeitsmappe schützen

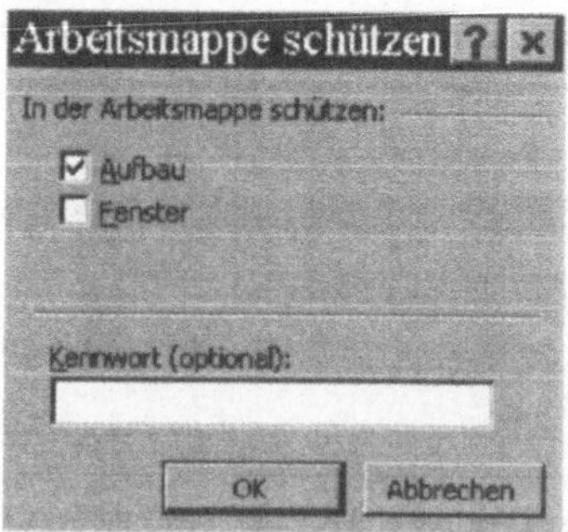

Sie können die Reihenfolge der Blätter und den Fensteraufbau (die Größe und Position des Fensters) schützen. Wählen Sie aus.

Vergeben Sie auch hier ein passendes Kennwort.

Nach diesem Schutz können Sie keine Kopien mehr von Arbeitsblättern, machen oder ähnliche Änderungen vornehmen. Versuchen Sie es!

Als letzte Schutzebene vergeben Sie beim Speichern ein Kennwort, welches beim nächsten Öffnen abgefragt wird. Gehen Sie dazu in das Menü „Datei" und wählen Sie den Eintrag „Speichern unter". Im Dialogfeld „Speichern unter" drücken Sie die Schaltfläche „Optionen".

Bild 6-13:
Optionen beim
Sichern

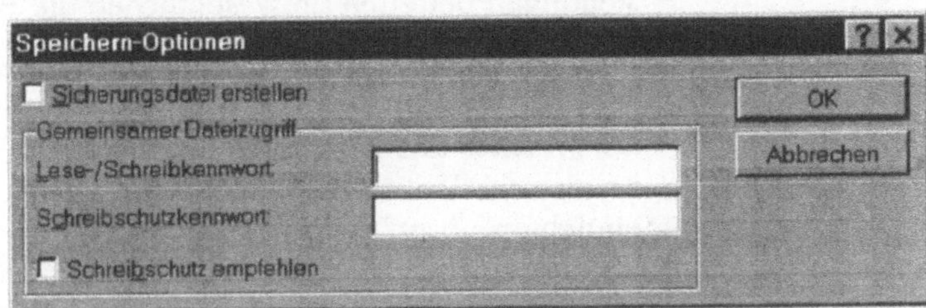

Vergeben Sie ein Sicherungskennwort. Die anderen Felder lassen Sie unverändert. Mit „Direkthilfe", die Sie mit der rechten Maustaste erhalten, bekommen Sie weitere Informationen zu den Sicherungsoptionen. Schließen Sie die beiden Dialogfelder mit „OK". Sie haben doch hoffentlich alle Kennwörter im Kopf? Denken Sie daran: Sie können auch immer dasselbe Kennwort verwenden!

Um den Kennwortschutz auszuprobieren, schließen Sie die Arbeitsmappe mit „Datei" - „Schließen". Anschließend öffnen Sie diese Datei wieder. Geben Sie in der darauf folgenden Dialogbox das Kennwort ein.

Haben Sie ein Kennwort vergessen - Pech gehabt. Das Kennwort kann nicht ausgelesen werden. Aber das haben Sie ja vorher gewußt!

Weitere Informationen in Excel 5.0

- Benutzerhandbuch Teil 8, Kapitel 39: Schützen einer Arbeitsmappe.

- Hilfefunktion „Suchen", Stichwort: Schützen von Blättern, Thema: .Blatt schützen und Blattschutz aufheben (Menü Extras, Untermenü Dokument schützen)

| 6.5 | ## Der perfekte Ausdruck |

In der Technik ist es häufig notwendig, Berechnungen zu dokumentieren. Drucken übernimmt in Excel diese Funktion. Voraussetzung dafür ist natürlich, daß Sie unter Windows einen Druckertreiber in der Systemsteuerung aktiviert haben.

Bevor der eigentliche Druckvorgang gestartet werden kann, müssen Sie noch einige Einstellungen vornehmen. Diese Einstellungen betreffen im wesentlichen die Blattaufteilung.

Zuerst müssen Sie sich überlegen, auf welches Papierformat gedruckt werden soll. Ein gängiges Format ist sicherlich DIN A4, welches auch Sie verwenden werden. Um die Papiergröße einzustellen, rufen Sie im Menü „Datei" den Eintrag „Seite einrichten..." auf.

Bild 6-14:
Dialogfeld Seite
einrichten.

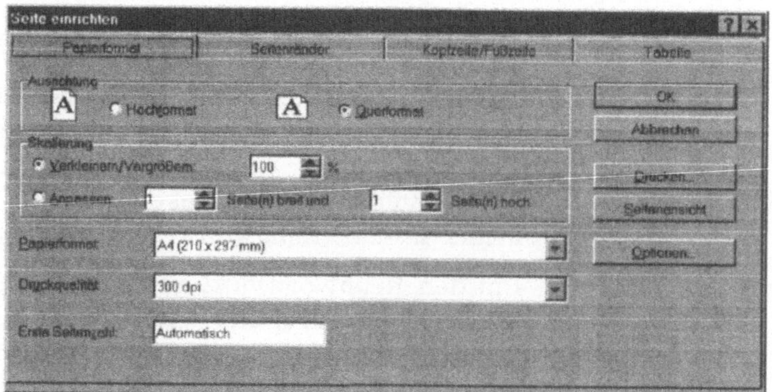

Wählen Sie unter der Auswahlliste für „Papiergröße" das Format „A4" aus.

Anmerkung

Die Auswahlliste zeigt nur Papierformate, die Ihr ausgewählter Drucker unterstützt.

Die Druckqualität hängt ebenfalls von Ihrem Drucker ab. Belassen Sie die Einstellung zunächst in der höchsten Auflösung. Bei den meisten Laserdruckern ist dies 300 bzw. 600 dpi, bei Tintenstrahl und Nadeldrucker meist 360 dpi. Sehen hierzu gegebenenfalls im Auswahlfeld „Druckqualität" nach.

Als nächsten Schritt müssen Sie sich überlegen, wie die Ausrichtung der Tabelle auf dem Blatt erfolgen soll. Dies richtet sich nach der größten Ausdehnung der Tabelle. Im Demobeispiel ist die Ausrichtung in vertikaler Richtung maßgebend. Hier würde es kaum einen Sinn machen, im Querformat zu drucken. Stellen Sie also „Hochformat" unter „Ausrichtung" ein.

Die äußeren Randbedingungen (Drucker, Papierformat und Ausrichtung) wären festgelegt. Dennoch, bevor Sie Drucken, schauen Sie erst einmal in die Seitenansicht hinein. Drücken Sie dazu die Schaltfläche „Seitenansicht" im Dialogfeld „Seite einrichten" oder verwenden Sie nebenstehendes Symbol.

Sie bekommen die Druckseite(n) vorab angezeigt. Dies erspart häufig mißglückte Ausdrucke.

Bild 6-15:
Die Seitenansicht

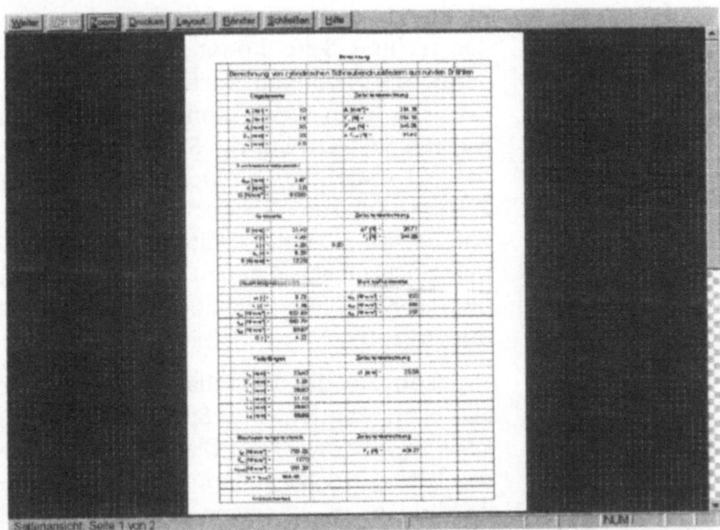

Bewegen Sie den Mauszeiger auf den Tabellenbereich ändert dieser seine Form zu einer Lupe. Klicken Sie mit der linken Maustaste, erscheint dort die Tabelle in vergrößerter Darstellung. Ein nochmaliges Klicken setzt die Anzeige wieder zurück. Die Schaltfläche „Zoom" erfüllt die gleiche Funktion.

In der Statusleiste bekommen Sie angezeigt „Seite 1 von 4". Dies bedeutet, daß die erste Seite von insgesamt vier gerade angezeigt wird. Durch die Schaltflächen „Weiter" bzw. „Vorher" oder durch die Tasten [Bild↓] und [Bild↑], werden weitere Blätter dargestellt.

Anmerkung

Ist die Anzeige „gezoomt", dienen die Tasten [Bild↓] und [Bild↑] dazu, den Bildschirm zu scrollen.

Wenn Sie sich die Seiten zwei bis vier einmal anzeigen lassen, sehen Sie, daß nur kleine Bereiche darin bedruckt werden. Durch einige Tricks lassen sich die kleinen Bereiche noch auf die erste Seite schieben. Dies ist sicherlich der Übersichtlichkeit der Berechnung dienlich. Unser Ziel wird es also sein, auf der ersten Seite freien Raum einzusparen.

Sehen Sie sich doch einmal den Abstand von Tabelle und Blattrand an. An der linken Seite ist er in Ordnung, doch an der rechten Seite könnten Sie etwas Platz sparen. Es sei denn, Sie benötigen noch Platz für eventuelle Kommentare. Aber ein klein wenig könnten Sie ihn bestimmt verkleinern. Klicken Sie dazu auf die Schaltfläche „Layout...". Es erscheint das bekannte Dialogfeld „Seite einrichten". Klicken Sie dort auf den Register „Ränder". Verringern Sie den rechten Rand von „2" auf „1" und bestätigen Sie mit „OK". Sie sehen, es hat sich noch nichts geändert. Die Randverschiebung liefert keinen großen Beitrag dazu, mehr Daten auf die erste Seite zu bringen.

Drücken Sie die Schaltfläche „Ränder", bekommen Sie die aktuellen Ränder und Spaltenbegrenzungen angezeigt. Sie können jetzt direkt am Blatt die Ränder verschieben, ohne in das Dialogfeld zu gehen. Um den rechten Rand noch weiter zu verkleinern, bewegen Sie die Maus auf die rechte Randmarkierung (rechte ausgepunktete vertikale Linie). Der Mauszeiger ändert seine Form, wie schon zuvor, als Sie die Spaltenbreite mit der Maus variiert hatten. Halten Sie die linke Maustaste gedrückt und verschieben Sie die Markierung nach rechts. Die gepunktete Linie bleibt kurz vor dem Blattrand stehen. Lassen Sie dort die Maustaste wieder los.

Der rechte Rand ist nun verschoben aber immer noch werden vier Seiten für den Ausdruck benötigt.

Als nächsten Punkt, „vergeudeten" Platz verschwinden zu lassen, nehmen Sie die Spalte A in Angriff. In ihr werden keine Daten abgelegt, also können Sie sie etwas verkleinern. Dazu bewegen Sie die Maus auf die Spaltenmarke zwischen Spalte A und B. Der Mauszeiger ändert seine Form. Verkleinern Sie bei gedrückter linker Maustaste die Spalte A durch Ziehen nach links. In der Statusleiste sehen Sie die Breite der Spalte eingeblendet. Lassen Sie die Maustaste bei einem Breitenwert um drei los. Ein kleiner Erfolg ist zu verbuchen. Es werden nur noch zwei Seiten benötigt, um die Tabelle auszudrucken.

Wenn Sie mit „Weiter" die zweite Seite ansehen, bemerken Sie, daß der untere Teil der Berechnung noch nicht auf die erste Seite paßt. Also müssen Sie nun die vertikale Ausdehnung der Seite beeinflussen. Setzten Sie dazu den oberen Rand auf 1,8. Der obere Rand ist die zweite horizontale gepunktete Linie von oben. Während Sie den Rand nach oben verschieben, können Sie genau beobachten, wie sich der Wert von 2,5 auf 1,8 verkleinert. Nach dem Setzen des oberen Randes wird eine Zeile mehr auf der ersten Seite angezeigt. Aber es sind immer noch zwei Seiten. Passen Sie den unteren Rand bis an dessen untere Grenze an. Dazu ziehen Sie den unteren Rand so weit nach unten, bis dieser stehen bleibt. Die Berechnung paßt noch immer nicht auf eine Seite.

Die Fußzeile wird von der Tabelle überschrieben. Da Sie die Fußzeile mit der Information „Seite 1" nicht benötigen (Sie wollen ja nur eine Seite), können Sie die Fußzeile löschen. Klicken Sie dazu auf die Schaltfläche „Layout..." und wählen im Dialogfeld „Seite einrichten" das Register „Kopfzeile/Fußzeile" aus.

Bild 6-16:
Dialogfeld Seite
einrichten -
Kopfzei-
le/Fußzeile

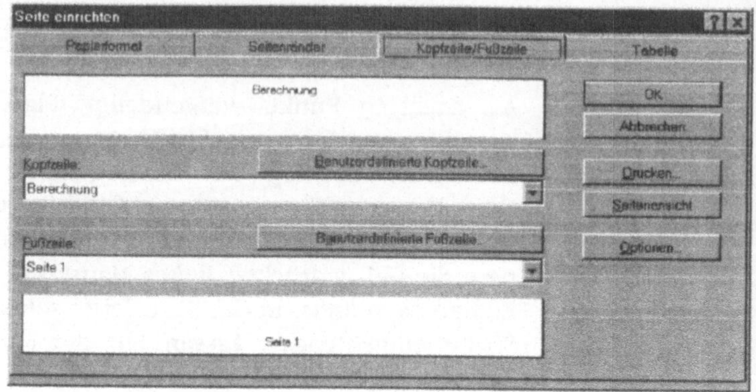

Wählen Sie aus der Auswahlliste der Fußzeile „(keine)" aus.

Da das „Platzsparen" keinen Erfolg gezeigt hat, müssen Sie die letzten Möglichkeit nutzen, die Berechnung auf eine Seite anzupassen. Wählen Sie im Dialogfeld „Seite einrichten" das Register „Papierformat" (Bild 6-14) an. Dort finden Sie unter „Skalierung" die Einträge „Verkleinern/Vergrößern" und „Anpassen". Stellen Sie unter „Anpassen" „1 Seite(n) breit und 1 Seite(n) hoch" ein. Schließen Sie das Dialogfeld mit „OK". Wie Sie sehen, wird die ganze Berechnung auf einer Seite dargestellt. Wie wird das gemacht? Excel verkleinert bzw. vergrößert alle Elemente der Tabelle so lange, bis diese in den vorgegebenen Rahmen (1 Seite breit 1 Seite hoch) passen. Den Faktor, auf den Excel die Elemente verändert, können Sie unter „Layout..." - Dialogfeld „Seite einrichten" - „Seite" im Feld Skalierung einsehen. Im Demobeispiel steht bei Vergrößern/Verkleinern der Wert 87%. Dies bedeutet, daß Excel die Elemente auf 87% der Normalgröße verkleinert hat.

Sicherlich ist das Anpassen eine einfache Möglichkeit das Berechnungsblatt auf eine Seite zu bringen. Es kann jedoch beim Ausdrucken Probleme geben. Einzelne Linien können manchmal bei der Verkleinerung auf einigen Druckern nicht mehr ausgedruckt werden. In solchen Fällen müssen Sie dann auf das Schieben zurückgreifen.

Hinweis

Das Verkleinern/Vergrößern verändert nur die Elemente für den Ausdruck. Alle Informationen über Schriftgröße, Spalten- und Zeilenbreite bleiben bestehen und werden auch außerhalb der Seitenansicht korrekt wiedergegeben.

Das Berechnungsblatt ist nun soweit formatiert, daß die gesamte Berechnung auf eine Seite paßt. Starten Sie nun den Ausdruck mit der Taste „Drucken". Es erscheint eine weiteres Dialogfeld.

Bild 6-17:
Dialogfeld Drukken

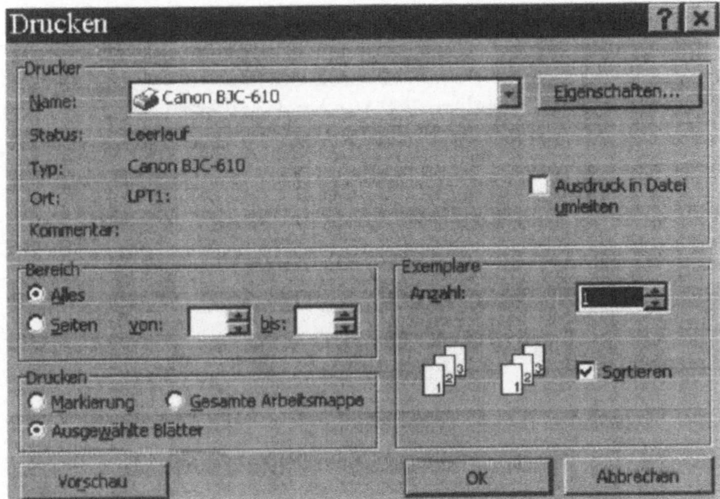

Hier können Sie noch weitere Einstellungen vornehmen. Mit „Exemplare" zum Beispiel, bestimmen Sie wieviel Kopien gedruckt werden sollen. Wenn Sie weitere Informationen zum zum Dialogfeld benötigen drücken Sie die „Direkthilfe" mit der rechten Maustaste. Haben Sie alles eingestellt und ist der Drucker eingeschaltet und mit Papier für den Ausdruck vorbereitet, drücken Sie die Schaltfläche „OK" um den Druck letztendlich zu starten.

Während die Daten für den Druck zum Drucker gesendet werden und während der Drucker die Seite druckt, haben

Sie die Möglichkeit den Ausdruck durch Drücken der „Abbrechen"-Taste vorzeitig zu beenden.

Bei der Rückschaltung aus der Layout- in die Normalansicht sind gestrichelte Gitternetzlinien am rechten und unteren Rand Ihrer Berechnung eingeblendet, die angeben, wo das Druckblatt zu Ende ist. Wenn Sie den Maßstab auf 50% einstellen, sehen Sie, wie die Blätteraufteilung vorgesehen ist.

Hinweis

In der Normaleinstellung werden die Gitternetzlinien ausgedruckt. Wollen Sie in Ihrem Ausdruck keine Gitternetzlinien haben, können Sie diese im Dialogfeld „Datei"-„Seite einrichten" (Bild 6-18) unter dem Register „Tabelle" ausschalten. Ebenso können Sie dort die Druckreihenfolge beeinflussen, sofern Ihr Ausdruck mehrere Seiten umfaßt.

Bild 6-18:
Dialogfeld Seite
einrichten

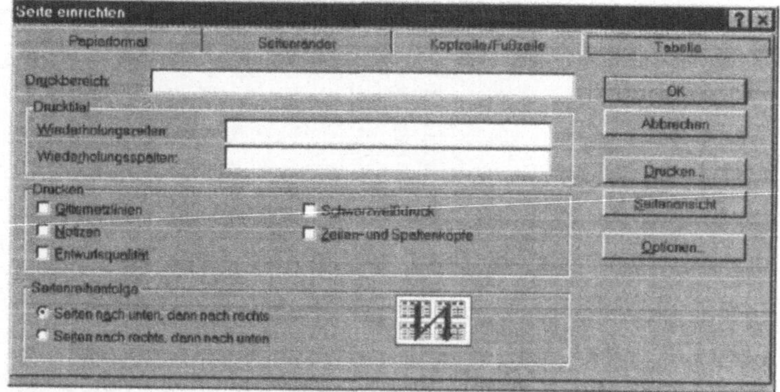

Um auch bei ausgeblendeten Gitternetzlinien einzelne Zellen zu unterteilen, können Sie die entsprechenden Zellen mit Hilfe des nebenstehenden Symbols mit Rahmen versehen.

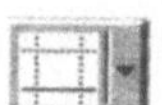

Anmerkung

Diese Einstellung wirkt sich nur auf den Ausdruck aus, nicht auf die Bildschirmdarstellung. Wollen Sie in der Normalansicht des Arbeitsblattes keine Gitternetzlinien sehen, müssen Sie über „Extras"-„Optionen",-Register „Ansicht", die Gitternetzlinien deaktivieren. Diese Einstellung wirkt sich nicht auf den Ausdruck aus!

<u>Also:</u> Es lohnt sich immer, in die „Seitenansicht" hineinzuschauen, bevor Sie ausdrucken. Sie sparen Zeit und Druckkosten!

Weitere Informationen in Excel 5.0

- Benutzerhandbuch Teil 2, Kapitel 14: Drucken.

- Hilfefunktion „Suchen", Stichwort: Drucken, Thema: Übersicht über das Drucken Ihrer Dokumente.

- Beispiele und Demos, Stichwort: Drucken, Thema: Einrichten eines Blattes zum Drucken

- Beispiele und Demos, Stichwort: Drucken, Thema: Seitenansicht eines Blattes vor dem Drucken.

7

Die Federkennlinie in der Arbeitsmappe:

Diagramme

Zur grafischen Auswertung können Daten als Diagramme dargestellt werden. Diagramme, richtig aufgebaut, geben schnell Auskunft über eine große Datenmenge und dienen gerade in der Technik häufig dazu, Vergleiche anzustellen.

Im Demobeispiel soll die Federkennlinie in einem Diagramm dargestellt werden. Der Diagrammassistent, der dazu verwendet wird, wurde in der Version Excel 97 deutlich verbessert. Für die Version Excel 5 empfehlen wir die Lernhilfen zum besseren Verständnis.

7.1 Lernhilfen zum Diagrammassistenten (nur in Excel 5.0)

Um den Diagrammassistenten näher kennenzulernen, rufen Sie unter „Beispiele und Demos" den Punkt „Erstellen eines Diagramms" und führen Sie die Übungen zu „Was ist ein Diagramm" und „Erstellen eines Diagramms mit dem Diagrammassistenten" aus. Neben den allgemeinen Grundlagen zum Diagramm wird gezeigt, wie Sie Daten für ein Diagramm auswählen, wie Sie ein Diagrammtyp auswählen, wie Sie das Diagramm einrichten und wie Sie Legende, Titel und Achsenbeschriftung hinzufügen.

Sie wissen nicht mehr, wie Sie dahin kommen? Sehen Sie im Kapitel 3.5 nach!

Weitere Informationen in Excel 5.0

- Benutzerhandbuch Teil 2, Kapitel 15: Erstellen eines Diagramms.

- Hilfe-Funktion „Suchen", Stichwort: Diagramm-Assistent, Thema: Diagramm-Assistent.

7.2 Die Federkennlinie

Um die Federkennlinie in Form eines Kraft-Weg-Diagramms darstellen zu können, müssen Sie die notwendigen Daten markieren. Die Federkennlinie soll bei Kraft $F=0$ N und bei Weg $s=0$ mm beginnen. Enden soll die Linie bei Kraft $F=F_1$ und bei Weg $s=$Federweg s_1. Da diese Daten in dieser Form noch nicht vorhanden sind, müssen sie zuerst aufbereitet werden.

Für die Werte $F=0$ und $s=0$ ist dies kein Problem. Legen Sie einfach eine kleine Tabelle im Berechnungsblatt für die „**Variante 1**" an, wie sie in Bild 7-1 zu sehen ist.

Bild 7-1:
Grundlage für die Federkennlinie

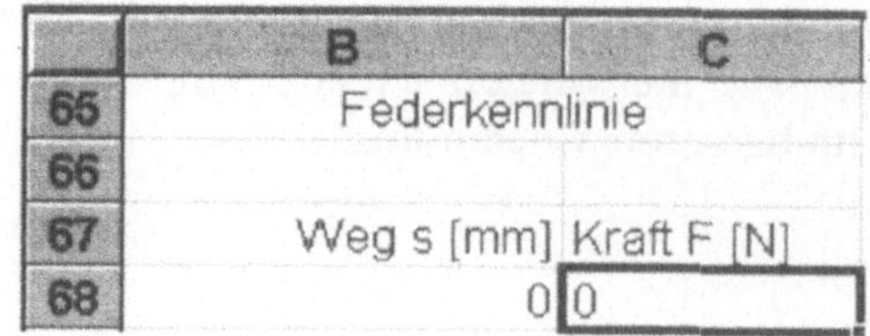

Die Formatierung der kleinen Tabelle sollte für Sie jetzt kein Problem mehr sein. Wenn doch, schauen Sie noch mal ins Kapitel 4.3 „Das Berechnungsblatt gestalten: Formatieren".

Die beiden nächsten Wertepaare erzeugen Sie, indem Sie die Bezüge zu den Zellen herstellen, in denen die Werte bereits berechnet wurden:

Eingabe **Zelle B69; =F8/C25**

Eingabe **Zelle C69; =F8**

Die kleine Tabelle sollte dann wie folgt aussehen.

Bild 7-2:
Erweiterte
Grundlage für
die Federkennli-
nie

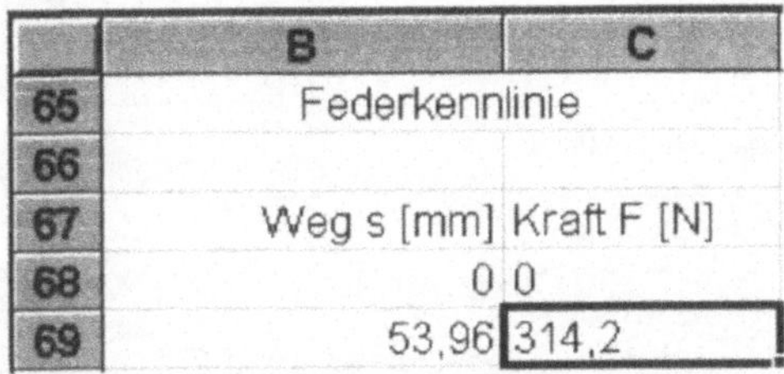

Die Werte in Zeile 68 stellen den Startpunkt der Federkennlinie da. In Zeile 69 stehen die Werte, die den Endpunkt der Federkennlinie markieren. Auf Zwischenwerte können wir verzichten, da die Kennlinie gerade ist.

Markieren Sie zunächst den Bereich B67:C69.

Hinweis
Wichtig: nicht nur die Daten sondern auch die Überschriften markieren, wenn Sie die Spaltenüberschriften als Legende benutzen wollen. Andernfalls reicht es auch aus, nur das Zahlenfeld zu markieren.

Dieser Bereich bildet die Datengrundlage für das Diagramm. Rufen Sie anschließend mit nebenstehendem Symbol den Diagrammassistenten auf. (Sie können Diagramme auch mit dem Eintrag „Diagramm" im Menü „Einfügen" erstellen.)

Es erscheint daraufhin der erste Schritt des Diagrammassistenten (Bild 7-3). Sie müssen hier den Diagrammtyp wählen, den Sie erstellen wollen. Hierbei können Sie zwischen „Standardtypen" oder „Benutzerdefinierte Typen" wählen.

Nehmen Sie als Diagrammtyp „Punkt (XY)" unter den Standardtypen, wie in Bild 7-3 dargestellt; denn Sie wollen die Kraft F in Abhängigkeit vom Weg S darstellen!

Bild 7-3:
Diagrammassistent 1. Schritt

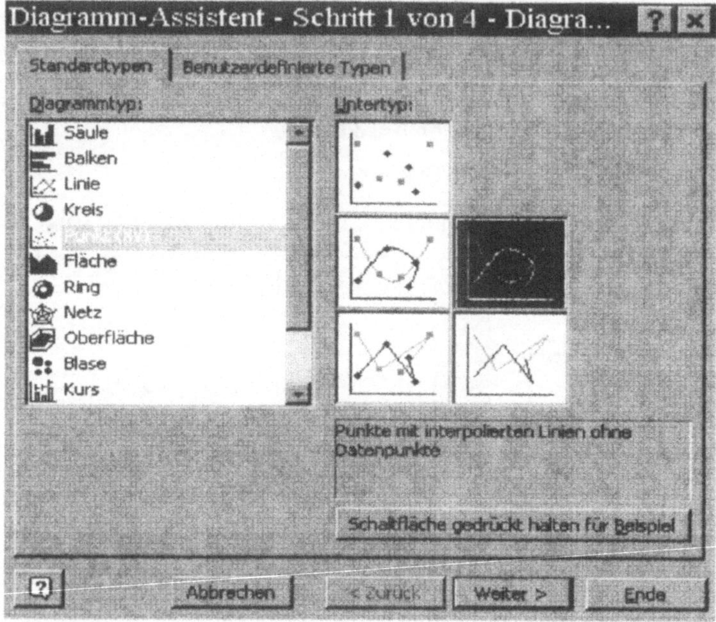

Anmerkung

Sie fragen sich bestimmt, warum Sie nicht den Diagrammtyp „Linie" verwenden sollen.

Probieren Sie es: Excel trägt auf der X-Achse die markierten Zeilen und auf der Y-Achse die zugehörigen Spaltenwerte ein und verbindet sie mit einer Linie. Haben Sie zwei Spalten markiert, werden zwei Linien mit der dazugehörigen Legende dargestellt.

Also: Das ist nicht das, was Sie wollten!

Hinweis

Wenn die Werte der zweiten (oder folgenden Spalte) von der ersten abhängig sind, müssen Sie den Diagrammtyp Punkt (XY) wählen und anschließend die Darstellung mit Linien festlegen!

Legen Sie nun den Untertyp des Diagrammtyps fest. Damit keine Datenpunkte angezeigt werden, wählen Sie den Untertyp „Punkte mit interpolierten Linien ohne Datenpunkte" für Punktdiagramme aus. (Bild 7-3) Wie für den Diagrammtyp dargestellt, werden bei nichtlinearen Verläufen Linien entsprechend den vorgegebenen Punkten geglättet dargestellt. Sollte es Ihnen jedoch besser gefallen, eines der anderen Untertypen zu verwenden, so können Sie dies tun. Bei unserem Beispiel mit nur zwei Punkten ändert sich nicht sehr viel. Sie können sich die Vorschau Ihres gewählten Diagrammes ansehen, indem Sie mit der linken Maustaste auf „Schaltfläche gedrückt halten für Beispiel" klicken.

Mit dem Schaltfeld „Weiter >" oder aber auch mit einem Doppelklick auf das ausgewählte Diagrammformat gelangen Sie zum nächsten Schritt, Schritt zwei.

Bild 7-4:
Diagrammassistent 2. Schritt

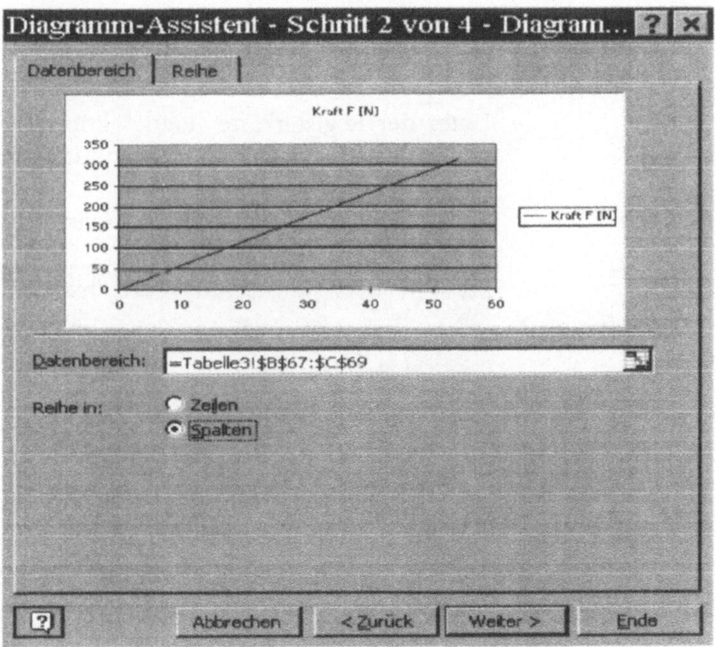

Im 2. Schritt erhalten Sie eine Diagrammvorschau sowie Angaben über den verwendeten Datenbereich, der hier aus Spalten besteht. Da Sie einen Bereich markiert hatten, bevor Sie den Diagrammassistenten aufriefen, wird dieser als „Datenbereich" vorgeschlagen. Der ausgewählte Bereich wird zusätzlich noch von einem dünnen Band umlaufen. Sie können selbstverständlich jetzt noch Änderungen vornehmen. Da Sie die Zeile 67 mit markiert hatten, schlägt Excel für die Legende und für den Diagrammtitel den Text der Zelle C67 vor.

Anmerkung

Sie haben den Bereich B67:C69 gewählt. Wenn jetzt im Bereichsfeld „$"-Zeichen eingefügt sind, ist dies eine andere Schreibweise der Variablenzuweisung, auf die wir später noch eingehen.

Mit dem nebenstehendem Symbol haben Sie die Möglichkeit, das Dialogfeld zeitweilig zu verkleinern.

Unter der Registerkarte „Reihe" können Sie die Tabellenbereiche ändern, Datenreihen hinzufügen und entfernen. Mehr dazu erfahren Sie im Kap. 7.3.
Durch „Weiter" gelangen Sie zu Schritt 3 von 4.

Bild 7-5:
Diagrammassistent 3. Schritt

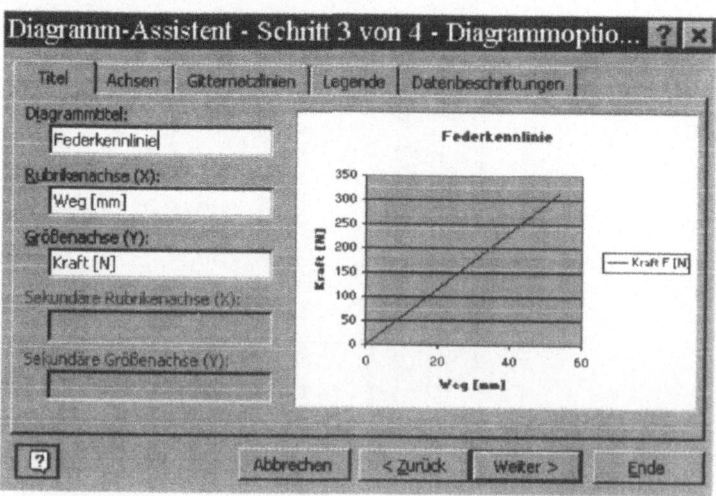

Geben Sie wie in Bild 7-5 dargestellt folgende Titel ein:

Eingabe

Diagrammtitel: Federkennlinie

Betätigen Sie danach die (⇆)-Taste um in das nächste Feld „Rubrikenachse" zu gelangen. Dort tragen Sie folgendes ein:

Eingabe

Rubrikenachse (X); Weg [mm] in Rubriken (X)

Eingabe

Größenachse (Y); Kraft [N] in Größen (Y)

Wenn Sie während der Eingabe des Diagrammtitels bzw. der Achsenbeschriftungen einen Moment warten, wird die Anzeige im Beispieldiagramm aktualisiert. Sollten Sie einen Fehler gemacht haben, können Sie mit jederzeit die Eingaben ändern.

Unter der Registerkarte „Achsen" können Sie die Kästchen für die Primärachsen deaktivieren, falls Sie keine Zahlen wünschen, ebenso unter „Gitternetzlinien" die Netzlinien, falls Sie keine Gitternetzlinien haben wollen.

In der Registerkarte „Legende" deaktivieren Sie das Kästchen *Legende anzeigen* und unter „Datenbeschriftung" wählen Sie *keine*.

Durch „Weiter >" gelangen Sie zum Schritt vier des Assistenten.

Bild 7-6:
Diagrammassistent 4. Schritt

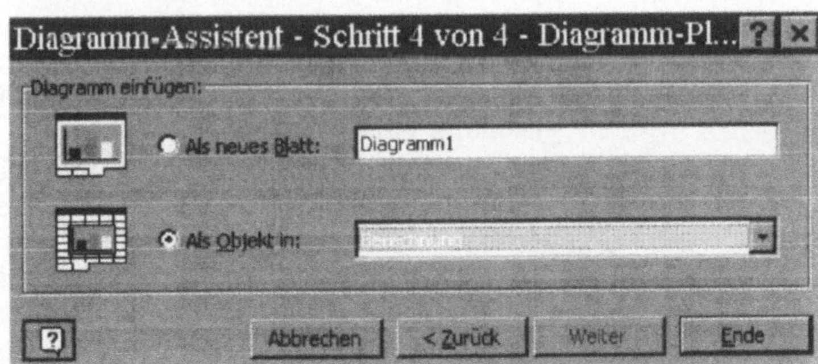

Mit der Schaltfläche „Ende" wird die Erstellung des Diagramms abgeschlossen. Das Diagramm erscheint im Berechnungsblatt. Die Editierkästchen am Rand des Diagramms weisen darauf hin, daß das Diagramm markiert ist. Klicken

Sie eine beliebige Zelle außerhalb des Diagramms an, um die Markierung aufzuheben.

Wenn Sie die Einträge so vorgenommen haben, wie Sie in Bild 7-5 dargestellt, und die Achsen nicht jedoch die Gitternetzlinien deaktiviert haben, erscheint das Diagramm wie in Bild 7-7 dargestellt.

Bild 7-7:
Die Federkennlinie

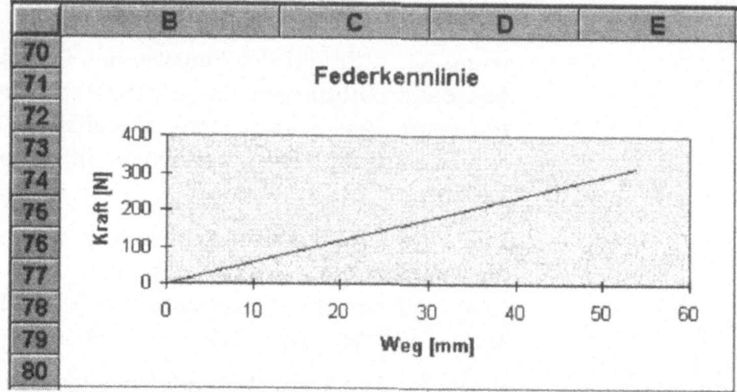

Anmerkung

Die Einstellungen der Optionen nach Bild 7-4 sollen noch etwas erläutert werden, damit Sie besser verstehen, wie Excel die Daten in Diagrammform umsetzt.

Sie hatten die Zellen B67:C69 als Datenbasis markiert. Jeder Zelleintrag wird gleich interpretiert, egal ob Text, Zahl oder sogar Leerfeld. Das heißt, Sie müssen für die Diagrammerstellung eingestellt haben, daß Sie die Wertetabelle **spalten**weise angeordnet haben. Das geschieht mit dem Schalter „Reihe in Spalten". Excel ordnet jetzt die markierten Daten der ersten Spalte der X-Achse, die der zweiten Spalte der Y-Achse zu. Die Zeile 67 wird dabei unterdrückt, C 67 als Legendentext verwendet. Hätten Sie nur B 68:C 69 als Datenbasis markiert, wäre dasselbe passiert und als Legendentext wäre „Reihe 1" eingetragen worden. Probieren Sie es aus!

Hinweis

Der Diagrammassistent wurde bei dem Update von Excel 7 auf Excel 97 stark verändert. Sollten Sie mit Excel 7 oder 5 arbeiten, nutzen Sie die Hilfe!

Sie haben bei der bisherigen Übung die Federkennlinie ins Arbeitsblatt eingebaut. Um innerhalb der Arbeitsmappe die Federkennlinie schnell zu finden, haben Sie aber auch die Möglichkeit, ein Diagramm als eigenständiges Blatt in der Arbeitsmappe abzulegen. Führen Sie dazu die vier Schritte des Diagrammassistenten noch einmal aus, wie Sie dies zuvor für das eingebettete Diagramm gemacht haben. Im Schritt 4 des Assistenten wählen Sie jedoch die Einstellung „Diagramm einfügen als neues Blatt" Es erscheint vor dem Register „Berechnung" ein neues Register mit dem Namen „Diagramm1". Da „Diagramm1" wenig aussagefähig ist, benennen Sie das Blattregister in „Federkennlinie" um. Da eine Kennlinie erst nach der Berechnung gezeichnet werden kann, ist es besser, Sie verschieben das Diagrammblatt „Federkennlinie" hinter „Berechnung". Dazu Klicken Sie auf das Blattregister „Federkennlinie" und halten die linke Maustaste gedrückt. Der Mauszeiger ändert seine Form, wie in Bild 7-8 zu sehen ist.

Bild 7-8:
Verschieben des
Blattregisters

Zusätzlich wird an das markierte Blattregister ein kleines schwarzes Dreieck angehängt. Dieses Dreieck markiert die Einfügestelle, an der das verschobene Blatt eingefügt wird, wenn Sie die Maustaste loslassen. Ziehen Sie die Maus nach rechts, so daß die Einfügemarke zwischen „Berechnung" und „Federdaten" ist. Lassen Sie die Maustaste los und das Diagrammblatt „Federkennlinie" wird dort eingefügt.

Da Sie gerade beim Verschieben der Blattregister sind, setzen Sie die „Variante 1" zwischen „Federdaten" und „Federdaten C". Jetzt steht alles in der Reihenfolge Berechnung - Diagramm - Federdaten.

Weitere Informationen in Excel 5.0

- Benutzerhandbuch Teil 3, Kapitel 15: Erstellen eines Diagramms.

- Hilfe-Funktion „Suchen", Stichwort: Diagramme - erstellen, Thema: Erstellen eines eingebetteten Diagramms in einem Tabellenblatt.

- Hilfe-Funktion „Suchen", Stichwort: Diagrammblätter - erstellen, Thema: Erstellen eines Diagrammblattes in einer Arbeitsmappe.

- Beispiele und Demos, Stichwort: Erstellen eines Diagramms, Thema: Erstellen eines Diagramms mit dem Diagramm-Assistenten.

7.3 Federkennlinien im Vergleich: Diagramm erweitern

In der Technik werden häufig Diagramme dazu benutzt, Vergleiche anzustellen. Im Demobeispiel sollen die Federkennlinien aus den Berechnungsblättern „Berechnung" und „Variante 1" miteinander verglichen werden. In beiden Berechnungen sind die Daten schon dafür bereitgestellt. Da auch zwei Diagramme vorhanden sind, müssen Sie sich entscheiden, welches der beiden Sie für den Vergleich erweitern wollen. Da das Diagrammblatt von seinen Abmessungen her größer ist und über die Blattregister leicht aufzurufen ist, sollten Sie das Diagrammblatt „Federkennlinie" auswählen.

Bevor Sie nun loslegen, müssen Sie noch zusätzlich zu den Anmerkungen zu Bild 7-4 im vorherigen Kapitel einiges über Spalten und Reihen in Diagrammen erfahren. Im Demobeispiel ist die erste Federkennlinie (Berechnungsblatt „Berechnung") durch die Punkte 0/0 und 25,58/314,2 gegeben. Die zweite Federkennlinie hat die Koordinaten 0/0 und 53,96/314,2 (Berechnungsblatt „Variante 1"). Würden Sie daraus untenstehende Wertetabelle generieren, um ein Diagramm zu erzeugen, könnten Sie nicht das gewünscht Ergebnis bekommen. Wieso?

Weg [mm]	Kraft 1 [N]	Weg [mm]	Kraft 2 [N]
0	0	0	0
25,58	314,2	53,96	314,2

Bei gleicher Vorgehensweise, wie oben dargestellt, und bei den Einstellungen nach Bild 7-4 würden drei Kennlinien gezeichnet: Die Erste Spalte steht für die Rubrikenwerte (X-Werte). Die nächsten Spalten stellen je eine Kennlinie dar, wobei in diesem speziellen Fall wegen gleicher Kräfte die beiden Linien der Spalten „Kraft 1 und Kraft 2" überlagert sind und daher nur eine Linie dafür dargestellt wird. Probieren Sie es aus!

Auch ein zweiter Weg führt nicht zum Ziel:
Nach den Erfahrungen, die Sie bereits haben, könnten Sie auf die Idee kommen, die Wertetabelle so zu schreiben:

Weg [mm]	Kraft 1 [N]	Kraft 2 [N]
0	0	0
25,58	314,2	
53,96		314,2

Das Ergebnis bei gleicher Vorgehensweise ist in Bild 7-9 wiedergegeben.

Bild 7-9:
Fehlversuch für
2 Kennlinien

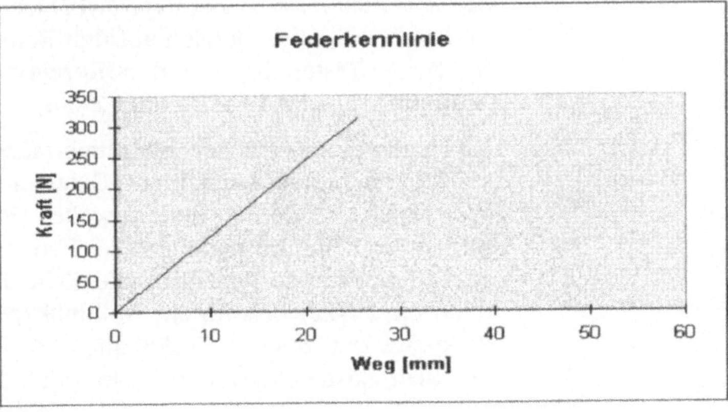

Was ist passiert? Excel akzeptiert keine Leerfelder zwischen zwei Werten! Deshalb kann die zweite Federkennlinie nicht dargestellt werden. Würden Sie den richtigen Wert für Kraft 2 und für den Weg s = 25,58 mm per Berechnung ergänzen, würde sofort eine Linie dargestellt. Es bleibt Ihnen also nichts anderes übrig, als die Daten aufzubereiten!

Dazu gehen Sie am besten wie folgt vor:

Um die Kraftwerte der beiden Federn besser auseinander halten zu können, ändern Sie die Überschrift der Spalte C „Kraft [N]" (Bild 7-2) in „Feder 1" ab. Die Spalte D soll die Werte der zweiten Feder aufnehmen. Kopieren Sie dazu die Zelle C67 mit dem Inhalt „Feder 1" mit der Maus in die Zelle D67. Da die zweite Kennlinie den gleichen Startwert besitzt wie die erste, können Sie die „0" gleich mitkopieren. Das haben Sie bisher mit dem Kontextmenü „Kopieren" und „Einfügen" gemacht. Bei der Gelegenheit sollen Sie auch noch eine neue Kopiertechnik kennen lernen! Markieren Sie dazu den Bereich C67:C68 und bewegen den Mauszeiger auf den rechten Rand der Markierung, so daß dieser seine Form zum Pfeil ändert (siehe hierzu auch Bild 5-20). Drücken Sie die (Strg)-Taste und die linke Maustaste, um das Kopieren mit der Maus zu starten. Das kleine „+"-Zeichen neben dem Mauszeiger zeigt Ihnen an, daß Sie Kopieren und nicht Verschieben. Es erscheint in der Statusleiste „Ziehen Sie mit der Maus, um den Zellinhalt zu kopieren.". Folgen Sie diesem Hinweis und ziehen Sie den Bereich auf den Bereich D67:D68. Lassen Sie beide Tasten los um den Kopiervorgang zu beenden. Ändern Sie „Feder 1" auf „Feder 2" ab.

Den Endwert der zweiten Kennlinie müssen Sie für den Weg s = 25,58 mm neu berechnen. Dazu Multiplizieren Sie den Weg mit der Federrate R der zweiten Feder. Geben Sie zunächst in Zelle D69 ein „="-Zeichen ein. Wählen Sie anschließend mit der (←)-Taste die Zelle B69 aus. Geben Sie dann ein „*"-Zeichen für die Multiplikation ein. Um nun die Federrate der zweiten Feder auszuwählen, klicken Sie auf das Blattregister „Varianten 1" und wählen den Wert der Federrate R in Zelle C25 aus. Es erscheint in der Bearbeitungsleiste „=B66*VARIANTE 1!C25".

Der Text „VARIANTE 1!" spezifiziert dabei den Standort der Zelle C25 (hier Blatt „Variante 1"). Schließen Sie die Eingabe mit ⏎ ab.

Damit haben Sie auch gleichzeitig kennengelernt, wie Bezüge über verschiedene Tabellenblätter hin möglich sind.

Die Federkennlinientabelle muß jetzt so aussehen, wie in Bild 7-10 dargestellt.

Bild 7-10:
Werte für zwei
Federkennlinien

	B	C	D
65	Federkennlinie		
66			
67	Weg s [mm]	Feder 1	Feder 2
68	0	0	0
69	25,58	314,2	148,907429

Die Daten für die zweite Kennlinie sind nun vorbereitet. Um die zugehörige Kennlinie im Diagramm zu ergänzen, übertragen Sie die Daten in das Diagrammblatt, indem Sie den Bereich D67:D69 markieren und dann „Kopieren" wählen. Wechseln Sie mit einem Klick auf das Blattregister „Federkennlinie". Wählen Sie aus dem Menü „Bearbeiten" den Menüpunkt „Einfügen". Die zweite Kennlinie wird dargestellt. Das Ergebnis zeigt Bild 7-11:

Bild 7-11:
Federkennlinien

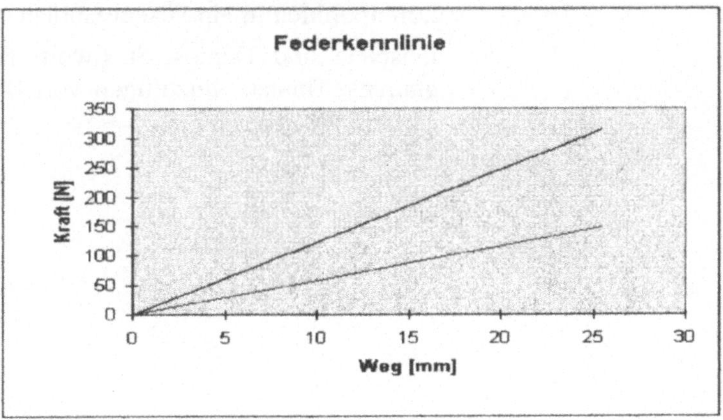

Wie Sie die notwendige Legende, welche Kennlinie für welche Feder gilt, einfügen, erfahren Sie im nächsten Kapitel.

Wir haben zu Beginn des Kapitels empfohlen, das Diagrammblatt „Federkennlinie" für den Kennlinienvergleich zu benutzen. Als Abschluß dieses Kapitels sollen Sie noch kennenlernen, wie Sie vorgehen können, wenn Sie das Diagramm im Berechnungsblatt für den Vergleich benutzen.

Wählen Sie das Berechnungsblatt „Berechnung". Markieren Sie die Zellen B67:C69 und erstellen Sie mit Hilfe des Diagrammassistenten ein Diagramm, wie Sie es bereits bei der „Variante 1" gemacht haben. Um die zweite Federkennlinie in diesem Diagramm zu ergänzen, markieren Sie die Zellen D67:D69, gehen Sie an den Markierungsrand bis das Kreuz zum Pfeil wird und ziehen Sie mit festgehaltener linker Maustaste in das Diagrammfeld und lassen die Taste los. Die Kennlinie ist ergänzt!

Weitere Informationen in Excel 5.0

- Benutzerhandbuch Teil 3, Kapitel Ändern von Daten in einem Diagramm: .

- Hilfe-Funktion „Suchen", Stichwort: Diagramme - hinzufügen zu, Thema: Hinzufügen von Datenreihen oder Datenpunkten in ein Diagrammblatt.

- Beispiele und Demos, Stichwort: Erstellen eines Diagramms, Thema: Hinzufügen von Daten in einem Diagramm.

7.4 Die Federkennlinie gestalten

Um die Federkennlinie zu gestalten, haben Sie zwei Möglichkeiten. Zum einen können Sie die Größe und Position des Diagramms auf dem Tabellenblatt verändern. Zum anderen ändern Sie den Diagrammtyp, das Diagrammformat und die farbliche Gestaltung des Diagramms.

Zuerst sollen Sie das eingebettete Diagramm der zweiten Feder im Berechnungsblatt „Variante 1" anders positionieren, als es in Bild 7-7 zu sehen ist. Dazu klicken Sie das Diagramm einmal an. Während Sie nun die linke Maustaste gedrückt halten, schieben Sie das Diagramm so weit, daß die linke obere Ecke die Zelle B72 überdeckt. Durch das Klicken auf das Diagramm wurden die Editierkästchen eingeblendet. Bewegen Sie die Maus auf ein solches Kästchen, ändert sich der Mauszeiger. Halten Sie nun die linke Maustaste gedrückt, können Sie die Größe des Diagramms beeinflussen. Um die horizontale Ausdehnung zu ändern, bewegen Sie das mittlere Kästchen auf der linken Seite. Ziehen Sie das Diagramm soweit auf, bis die Spalte F überdeckt ist.

Hinweis

Sie können anhand des Doppelpfeils (Bild 7-12), der erscheint, wenn Sie mit der Maus über ein Editierkästchen gehen, sehen, in welche Richtungen Sie die Größe ändern können.

Bild 7-12:
Doppelpfeil des
Editierkästchens

Vergrößern Sie ebenso die Höhe des Diagramms, so daß die Zeile 90 überdeckt ist. Experimentieren Sie mit der Größenveränderung und beobachten Sie dabei, wie sich Achsenbeschriftung und Text verändern!

Um die Gestaltung des Diagramms zu ändern, haben Sie in Excel 97 gegenüber den früheren Versionen mit einem Doppelklick oder einem Klick mit der rechten Maustaste auf das zu ändernde Objekt (Fläche, Linie, Text,...) ein entsprechendes Menü zur Hand. Bei den Versionen Excel 7und 5 ist der

Weg etwas umständlicher – trotzdem geht natürlich auch alles. Nutzen Sie dort die Hilfe!

Lassen Sie uns die Zeichnungsfläche umfärben! Die Zeichnungsfläche des Diagramms ist dezent in Grau ausgefüllt. Das sieht zwar gut aus, hat aber den Nachteil, daß das meist nur teuere Drucker genauso schön drucken. In den gemäßigten Preisklassen angesiedelte Drucker drucken an Stelle des Grautons ein mehr oder weniger feines Schwarzraster. Daher sollten Sie eine Farbe für die große Zeichnungsfläche wählen, die Ihr Drucker garantiert perfekt beherrscht - Weiß.

Beim ersten Mal gehen Sie etwas langsam vor: Klicken Sie in das graue Zeichnungsfeld. Klicken Sie dabei nicht auf eine Linie! Editierkästchen erscheinen an dessen Rändern.

Bild 7-13:
Dialogfeld
Zeichnungs-
fläche forma-
tieren

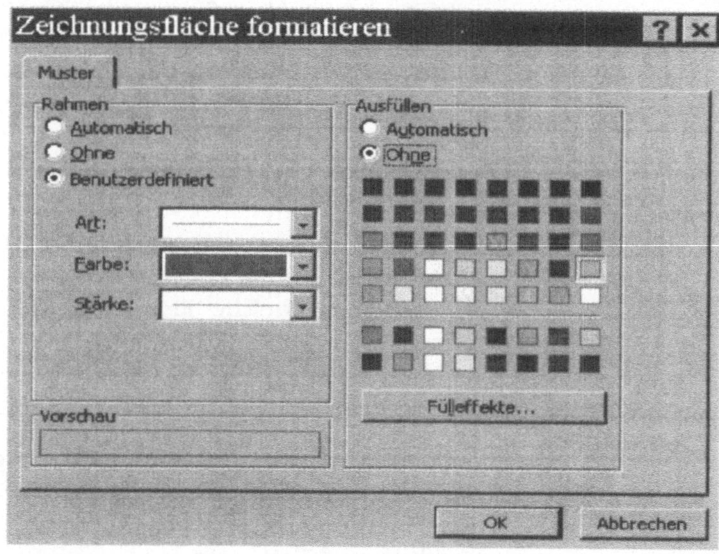

 **Hinweis**

Wenn Sie die Maus langsam über das Diagramm bewegen, wird Ihnen in einem Hinweisfeld unter dem Mauszeiger das jeweils aktive Element angezeigt. Wenn „Zeichnungsfläche" angezeigt wird, wählen Sie aus dem Menü „Format" den Eintrag „Markierte Zeichnungsfläche... Strg+1" aus oder noch besser, Sie drücken die rechte Maustaste, um das Dialogfeld „Zeichnungsfläche formatieren" (Bild 7-13) aufzurufen. Sie können aber auch mit einem Doppelklick auf die Zeichnungsfläche das Formatieren starten.

Schalten Sie die Option „Ausfüllen - Ohne" ein, um das Ausfüllen der Zeichnungsfläche zu unterbinden.

Die Kennlinie sollen Sie etwas auffälliger gestalten. Dazu Doppelklicken Sie auf die Kennlinie.

Bild 7-14:
Dialogfeld Datenreihe formatieren

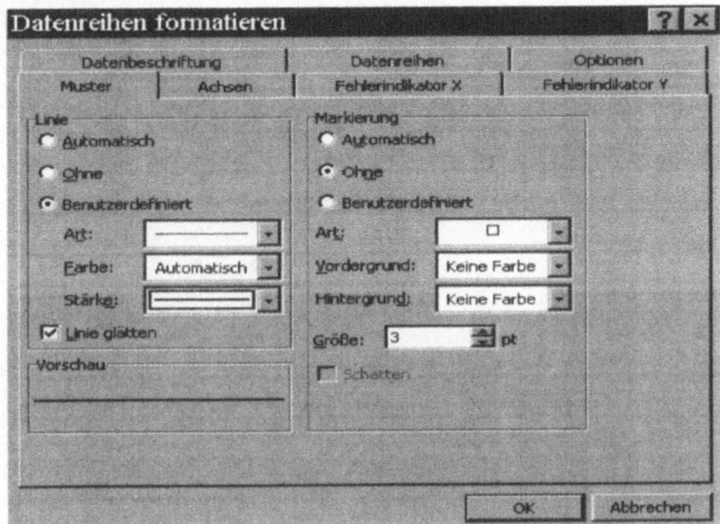

Im Dialogfeld „Datenreihe formatieren" klicken Sie im Register „Muster" die Auswahltaste für „Stärke", um die nächst breitere Linienstärke auszuwählen. Schließen Sie das Dialogfeld mit „OK".

Wenn Sie noch andere Diagrammtypen ausprobieren, die Datenquelle, die Diagrammoptionen oder die Platzierung verändern wollen, klicken Sie mit der Maus auf die Diagramm- oder die Zeichnungsfläche und gehen in das Menü „Diagramm" oder benutzen die rechte Maustaste. Dort wählen Sie den gwünschten Eintrag aus.

Haben Sie „Diagrammtyp" gewählt, erscheint das bekannte Dialogfenster nach Bild 7-15.

Bild 7-15:
Dialogfeld Dia-
grammtyp

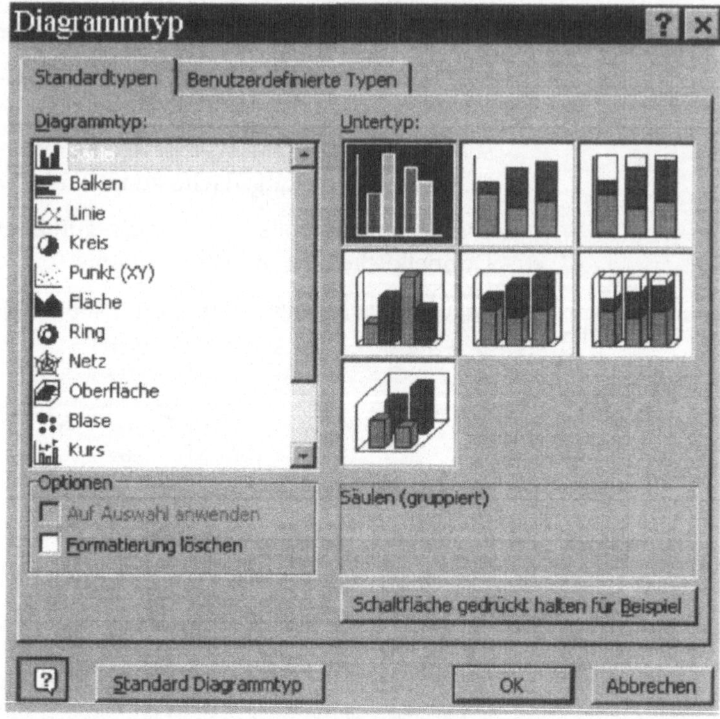

Hier können Sie einen anderen Typ durch Anklicken auswählen. Um dies auszuprobieren, wählen Sie den Typ „Säulen". Mit den „Untertypen" könnten Sie noch eine Variante
des Säulendiagramms einstellen. Für die kleine Demonstrati-
on lassen Sie jedoch diesen Schritt aus.

Nachdem Sie die Dialogbox mit „OK" beendet haben, sehen
Sie nun die Federkennlinie im Format „Säulen". Da diese
Darstellung für eine Kennlinie ungeeignet ist, werden Sie die
Änderung wieder rückgängig machen. Ohne jetzt wieder das
Dialogfeld „Diagrammtyp" aufrufen zu müssen, können Sie
die letzte Operation durch den Befehl „Rückgängig   Strg+Z"
im Menü „Bearbeiten" oder mit nebenstehendem Button
rückgängig machen.

Sie haben nun das eingebettete Diagramm bearbeitet. Führen Sie die Änderungen auch im Diagrammblatt „Federkennlinie" durch.

Wenn durch den weißen Diagrammhintergrund Kennlinien wegen des schlechten Kontrasts nicht deutlich zu sehen sind, können Sie das abändern. Doppelklicken Sie dazu die jeweilige Kennlinie an und wählen unter „Linie" - „Farbe" im Dialogfeld „Datenreihe formatieren" (Bild 7-14) eine andere Farbe aus.

Es gibt noch viel mehr Optionen, die das Aussehen eines Diagramms verändern - probieren Sie einfach drauf los. Wenn Sie Bedenken haben, speichern Sie zuvor den letzten Stand. Wenn dann etwas schiefgelaufen ist, können Sie den alten Zustand mit dem Einladen der gesicherten Datei wieder herstellen.

Weitere Informationen in Excel 5.0

- Benutzerhandbuch Teil 3, Kapitel 18: Formatieren eines Diagramms.

- Hilfe-Funktion „Suchen", Stichwort: Diagramme - formatieren, Thema: Übersicht über das Ändern von Farben, Muster, Rahmen, Text und Zahlen.

8

Routinearbeiten vereinfachen: Makros

Stellen Sie sich vor, Sie haben auf Ihrem Schreibtisch ein Blatt Papier liegen, auf dem Sie eine umfangreiche Übersichtstabelle angelegt haben. Um darauf wichtige Daten sofort zu erkennen, wollen Sie die entsprechenden Zellen in roter Schrift ausfüllen. Dazu wollen Sie den jeweiligen Hintergrund grün einfärben. Um das Ganze abzurunden, setzen Sie um die Daten einen schwarzen Rahmen. Vor Ihnen liegen also die Stifte mit den Farben Rot, Grün und Schwarz. Zuerst setzen Sie den roten, dann den grünen und zuletzt den schwarzen Stift ein. Markieren Sie viel Daten, hält diese Arbeit ganz schön auf. Da wäre es schon besser, Sie hätten einen Stift, der zugleich rot schreibt, grün schattiert und schwarz umrandet - also alles mit einem Mal erledigt. Eine solche technische Errungenschaft steht Ihnen am Schreibtisch leider nur in Ihrem PC zur Verfügung. Die Zusammenfassung von einzelnen Arbeitsschritten heißen dort Makro. Fast jedes größere Programm besitzt eine solche Option. Mit ihr zeichnen Sie einzelne Schritte auf, die nach Aufforderung zu jedem späteren Zeitpunkt wiederholt werden können.

8.1   Der Makrorekorder

Um Makros aufrufen zu können, müssen Sie diese zuerst erstellen. Der *Makrorekorder* geht Ihnen dabei hilfreich zur Hand. Er funktioniert nach dem Prinzip eines Casettenrekorders. Sie starten die Aufnahme des Rekorders. Er zeichnet daraufhin alle Tastenanschläge und Mausbewegungen auf, die Sie durchführen. Zwischendurch können Sie die Aufzeichnung mit der „Pause"-Funktion unterbrechen. Nach betätigen der Stop-Taste ist die Aufzeichnung abgeschlossen und steht für den späteren Aufruf zur Verfügung.

Um Ihnen den Makrorekorder etwas näher zu bringen, sollen Sie ein Makro erstellen, das alle Eingabezellen im Demobeispiel so formatiert, daß diese sich von den anderen Zellen etwas abheben.

Markieren Sie die erste Eingabezelle C7. Anschließend starten Sie den Makrorekorder mit dem Menüpunkt „Aufzeichnen" im Menü „Extras" - „Makro aufzeichnen".

Bild 8-1:
Dialogfeld Auf-
zeichen (1)

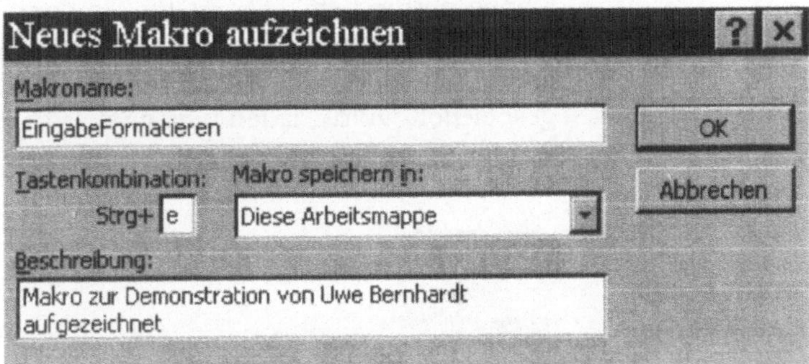

Es erscheint das Dialogfeld „Aufzeichnen" (Bild 8-1). Unter Makroname vergeben Sie dem aufzuzeichnenden Makro einen Namen. Damit Sie das Makro eindeutig von anderen Makros unterscheiden können, geben Sie den Namen „EingabeFormatieren" ein. Achten Sie darauf: Leerzeichen sind bei Makronamen nicht erlaubt! Im Eingabefeld „Beschreibung" können Sie eine kurze Information ablegen, für welchen Zweck Sie das Makro aufzeichnen. Ein Vorschlag bietet Ihnen Excel bereits an.

Aufgezeichnete Makros können über Tastenkurzbefehle (Shortcuts), über ein Listenfeld oder über ein Menüeintrag ausgewählt und gestartet werden. Bei häufiger Anwendung von Makros empfehlen wir Ihnen, den Makros Shortcuts zuzuweisen.

Da das Makro häufig benötigt wird, weisen Sie dem Makro ein Shortcut zu. Dazu Klicken Sie in das Eingabefeld hinter „Strg+". Dort geben Sie einen Buchstaben ein, mit dem Sie später, in Verbindung mit der (Strg)-Taste, das Makro aufrufen. Da das Makro die Eingabezellen formatieren soll, vergeben Sie zweckmäßig den Buchstaben „e" als Shortcut.

Die Einstellung „Speichern in - aktueller Arbeitsmappe" lassen Sie am besten eingestellt. Das Makro wird in der aktuellen Arbeitsmappe gespeichert. Das Makro steht Ihnen damit sofort zur Verfügung, wenn Sie die Arbeitsmappe laden. Bei den Einstellungen „Persönlicher Makro-Arbeitsmappe" und „Neuer Arbeitsmappe" wird das Makro in einer separaten Mappe gespeichert. Dies ist für Sie dann von Vorteil, wenn Sie das Makro auch in anderen Arbeitsmappen nutzen wollen. Sie müssen dann das Makro, bzw. die Mappe in der es gespeichert wurde, laden bevor Sie es starten können. Haben Sie alle Einstellungen gemacht, schließen Sie das Dialogfeld mit „OK".

Bild 8-2:
Dialogfeld Aufzeichnen (2)

Auf Ihrem Bildschirm erscheint Bild 8-2 (der Schriftzug wird wegen der geringen Breite der Symbolleiste nicht ganz dargestellt). Sie besteht nur aus zwei Symbolen, mit dem Sie die Aufzeichnung beenden und den „Relativen Bezug" herstellen können.

Bild 8-3:
Zusätze in der Statusleiste

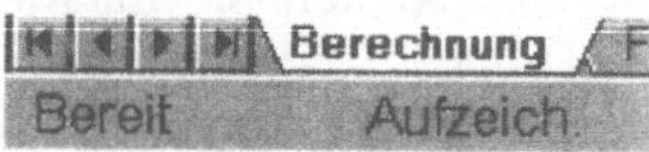

In der Statusleiste erscheint die Zusatzinformation „Aufzeichnung", die Sie darauf hinweisen soll, daß Sie jetzt ein Makro aufzeichnen.

Dem Aufzeichnen der notwendigen Schritte zur Zellformatierung stünde nun nichts mehr im Wege. Aber da ist noch eine Kleinigkeit zu beachten - die Aufzeichnungsart. Sie wird mit der zweiten Schaltfläche des Aufeichnungssymbols dem „Relativen Bezug" aufgerufen. Siehe nebenstehendes Symbol. Wird die Schaltfläche hell dargestellt, dann ist die „Relative Aufzeichnung" aktiviert, sonst die „Absolute Aufzeichnung".

Was hat es mit der Aufzeichnungsart „relativ" bzw. „absolut" auf sich? Bei der absoluten Aufzeichnung werden alle Aufzeichnungen auf die markierte Zelle bzw. das markierte Objekt (z.B. der Zeichnungsfläche in einem Diagramm) bezogen. In unserem Demobeispiel würde das bedeuten, daß das Aufrufen des „absoluten" Makros „Eingabe" immer die Zelle C7 formatieren würde.

Da Sie aber jede markierte Zelle mit dem Makro formatieren wollen, aktivieren Sie die Schaltfläche „Relativer Bezug", indem Sie daraufklicken. Ist Sie bereits hell unterlegt, dann ist sie bereits auf relative Aufzeichnung eingestellt. Formatieren Sie nun die Zelle C7, indem Sie auf der Zelle die rechte Maustaste drücken und aus dem Kontextmenü den Eintrag „Zellen formatieren..." auswählen. Stellen Sie im erscheinenden Dialogfeld im Register „Schriftart" - „Farbe" die Schriftfarbe auf Rot. Im „Rahmen" stellen Sie einen schwarzen Rahmen für die „Gesamt" Zelle ein und färben schließlich im Register „Muster" die Zelle grün. Schließen Sie dann das Dialogfeld mit „OK". Formatieren Sie die Zelle „Fett" mit dem entsprechenden Symbol aus der Symbolleiste. Setzen Sie den Zellzeiger eine Zelle tiefer. Sie können erstens das Ergebnis der Formatierung besser einsehen, zweitens können Sie bei der späteren Ausführung für die darunterliegende Zelle das Makro gleich wieder starten (wenn dies gewünscht wird).

Um die Aufzeichnung für die oben beschriebene Befehlsfolge zu beenden, klicken Sie auf nebenstehendes Symbol der Symbolleiste „Aufzeichnen" (oder wählen Sie den Eintrag „Aufzeichnung beenden" im Menü „Extras" - „Makro aufzeichnen" aus). Die Symbolleiste „Aufzeichnen" wird, ebenso wie die Information „Aufzeichnung" in der Statusleiste, ausgeblendet.

Nach der Aufzeichnung des Makros steht der Zellzeiger in Zelle C8. Um diese Zelle mit dem Makro zu Formatieren, drücken Sie die Tastenkombination (Strg)+(E). Die Zelle blinkt kurz auf. Danach ist die Formatierung abgeschlossen und der Zellzeiger befindet sich in Zelle C9. Sie sehen, das Makro veranlaßt, daß sämtliche vorher von Hand durchgeführten Einstellungen und Kommandos automatisch ablaufen.

Bevor Sie die Tastenkombination wiederholen, starten Sie das Makro doch einmal über das Menü. Wählen Sie dazu unter „Extras" den Menüpunkt „Makro..." aus. Es erscheint das Dialogfeld „Makro" Bild 8-4.

Bild 8-4:
Dialogfeld Makro

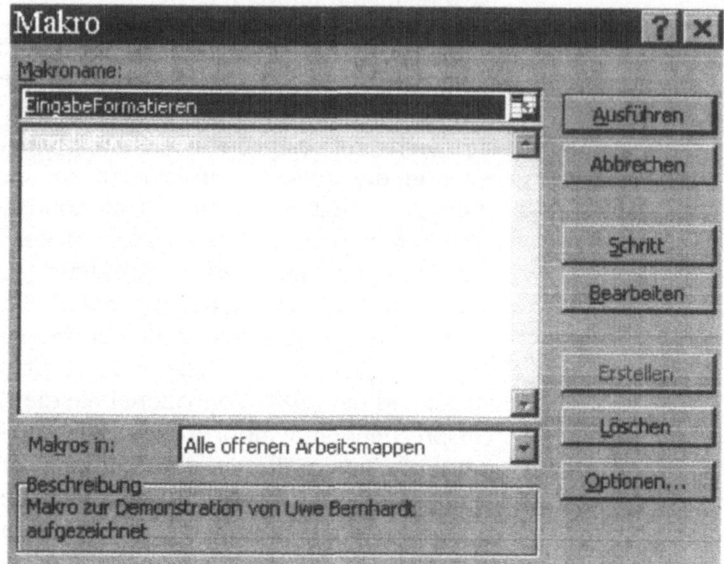

Da Sie bisher nur ein Makro erstellt haben, hat das Listenfeld nur einen Eintrag. Wählen Sie aus dem Listenfeld den Eintrag „EingabeFomatieren" aus, indem Sie ihn einmal anklicken. Die bisher hellgrau abgeblendeten Schaltflächen werden aufgeblendet. Würden Sie „Ausführen" drücken, würde das aufgezeichnete Makro gestartet. In diesem Fall sollen Sie das jedoch nicht tun. Sehen Sie sich die Optionen des Makros zuvor an. Dazu drücken Sie die Schaltfläche „Optionen".

Sie können im daraufhin erscheinenden Dialogfeld (Bild 8-5) einige Einstellungen ändern die Sie vor dem Aufzeichnen getroffen haben. Schließen Sie die Dialogbox mit „OK" und das Makrodialogfeld mit „Abrechen".

Bild 8-5:
Dialogfeld Ma-
kro-Optionen

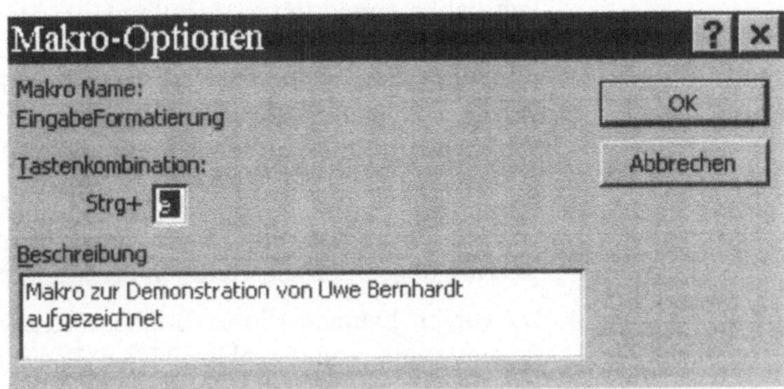

Wenn Sie wissen wollen, wie Ihr aufgezeichnetes Makro aussieht, drücken Sie im Dialogfeld „Makros..." und dann im Dialogfeld auf „Bearbeiten" oder unter „Makro" auf „Visual Basic-Editor". Sie befinden sich damit im Visual Basic Modus.

Bild 8-6:
Makro in Visual
Basic

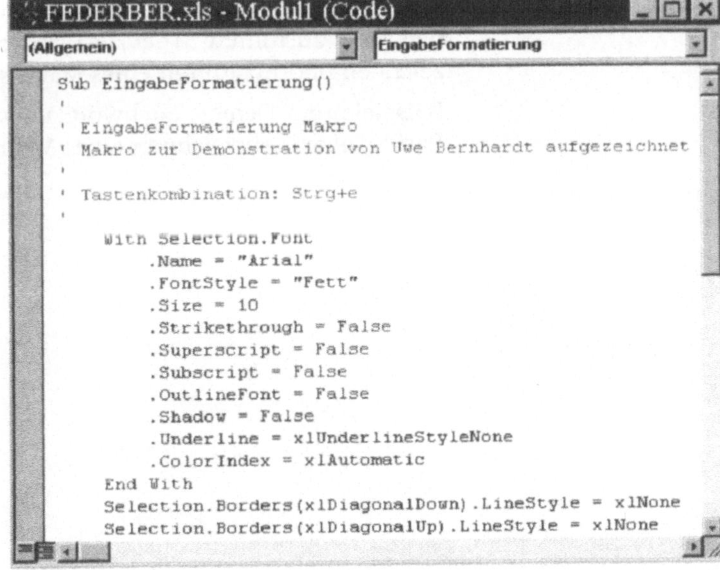


```
Sub EingabeFormatierung()
'
' EingabeFormatierung Makro
' Makro zur Demonstration von Uwe Bernhardt aufgezeichnet
'
' Tastenkombination: Strg+e
'
    With Selection.Font
        .Name = "Arial"
        .FontStyle = "Fett"
        .Size = 10
        .Strikethrough = False
        .Superscript = False
        .Subscript = False
        .OutlineFont = False
        .Shadow = False
        .Underline = xlUnderlineStyleNone
        .ColorIndex = xlAutomatic
    End With
    Selection.Borders(xlDiagonalDown).LineStyle = xlNone
    Selection.Borders(xlDiagonalUp).LineStyle = xlNone
```

In der Objektstruktur links sehen Sie, daß Ihr Projekt aus den Tabellen und Diagrammen besteht, die Sie bisher angelegt haben sowie unter Module einem Modul 1, der die Programmierung für das Makro „Eingabe Formatierung" enthält. Im rechten Feld sehen Sie den Code, wenn Modul 1 aktiviert wurde. Die Makroaufzeichnung ist im Bild 8-6 dargestellt. Die Menüstruktur wandelt sich ebenfalls ab.

Excel hat bei der Aufzeichnung des Makros die Tastenanschläge und Mausaktionen in entsprechende Visual Basic-Befehle umgewandelt. Nehmen Sie keine Änderungen vor.

Da wir im Rahmen dieses Buches nicht weiter auf die Programmierung von Excel in Visual Basic eingehen können, kehren Sie zur Berechnung zurück. Drücken Sie dazu unter Menü „Datei" auf „Schließen und zurück zu Microsoft Excel" oder auf das nebenstehende Symbol.

Weitere Informationen in Excel 5.0

- Visual Basic Benutzerhandbuch, Kapitel 1: Automatisieren von Routineaufgaben.

- Hilfe-Funktion „Suchen", Stichwort: Makros - aufzeichnen und ausführen, Thema: Übersicht über das Aufzeichnen und Ausführen eines Makros.

- Beispiele und Demos, Stichwort: Verwenden von Visual Basic, Thema: Aufzeichnen eines Makros.

9 Verwenden von Funktionen

Funktionen sind, wie auch bei Ihrem Taschenrechner, vorgefertigte Algorhitmen. Mit ihnen können Sie Werte ermitteln, Berechnungen durchführen oder Vergleiche erstellen. Excel enthält für folgende Bereiche fertige Funktionen:

- Finanzmathematik
- Datum und Zeit
- Mathematik und Trigonometrie
- Statistik
- Matrix
- Datenbank
- Text
- Logik
- Information

In den folgenden Kapiteln sollen Sie einige Funktionen aus den Bereichen „Mathematik und Trigonometrie", „Statistik" und „Logik" näher kennenlernen.

Weitere Informationen in Excel 5.0

- Hilfe-Funktion „Suchen", Stichwort: Funktionen - Tabelle, Thema: Auflistung der Tabellenfunktionen nach Kategorien.

9.1 Der Funktionsassistent

Der Funktionsassistent unterstützt Sie beim Erstellen einer Formel. Kommt in einer Formel eine Funktion vor, müssen Sie bei der Eingabe nicht nur deren Namen kennen, sondern meist auch der Funktion Argumente nachstellen (z.B. den Winkel bei einer trigonometrischen Funktion). Der Funktionsassistent läßt Sie über ein Menü die gewünschte Funktion auswählen. Anschließend gibt er Ihnen detaillierte Informationen über die benötigten Parameter.

Um den Umgang mit dem Funktionsassistenten zu üben, sollen Sie den Sinus-Wert für den Winkel 30• bestimmen. Markieren Sie zunächst eine freie Zelle im Tabellenblatt (der Inhalt wird anschließend wieder gelöscht). Um eine Formel einzuleiten, sind Sie gewohnt als erstes ein „="-Zeichen einzugeben. Das brauchen Sie bei Excel 97 zur Berechnung eines Funktionswertes nicht mehr!

Drücken Sie nebenstehendes Symbol der Bearbeitungsleiste, um den Funktionsassistenten aufzurufen. Damit wird in die aktive Zelle ein „="-Zeichen gesetzt. Wählen Sie im Funktionsassistenten (Bild 9-1) unter „Kategorie" den Eintrag „Math & Trigonom." aus, um in der Funktionsliste die mathematischen und trigonometrischen Funktionen aufzulisten.

Bild 9-1:
Funktions-
Assistent
Auswahlmenü

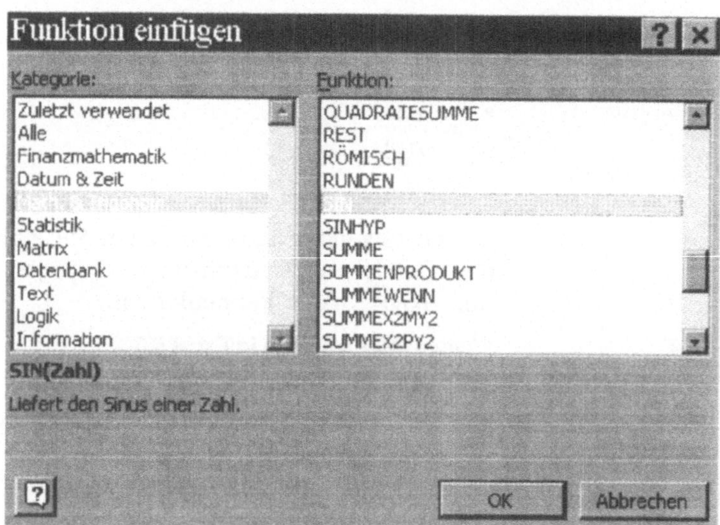

Um den Sinuswert zu berechnen, wählen Sie „SIN" in der Funktionsliste aus. Unterhalb des Kategoriefeldes erscheint die Funktion mit nachgestelltem Parameter (hier: SIN(Zahl)). Zusätzlich wird eine kurze Information zur gewählten Funktion angezeigt. Wenn Sie die Auswahl mit „OK" bestätigen (oder einen Doppelklick auf SIN machen) erscheint das Dialogfeld wie in Bild 9-2 dargestellt!

Bild 9-2:
Funktions-
assisten

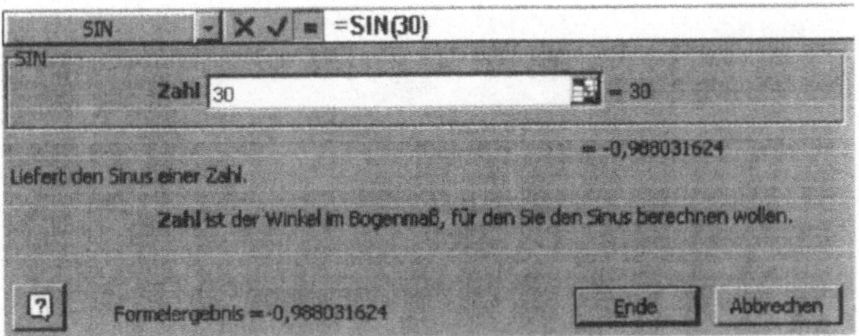

Gleichzeitig wird im Namensfeld die aktuelle Funktion aufgeführt. Sie können das Dialogfeld mit der linken Maustaste verschieben, wenn die Position stört. Im Feld „Zahl" müssen Sie den Winkel, also das Argument der Sinus-Funktion, eintragen, für den der Sinus berechnet werden soll. Doch Achtung! Der Winkel muß im Bogenmaß eingegeben werden. Dazu können Sie den Winkel in Grad mit $\pi/180$ umrechnen.

Geben Sie hinter „Zahl" „30" für den Winkel ein.

Hinter dem Eingabefeld für das Argument wird das Argument sofort berechnet. „Formelergebnis" zeigt Ihnen an, welches Ergebnis die Funktion bei der derzeitigen Eingabe des Arguments liefert.

Drücken Sie die (Einfg)-Taste um eine Multiplikation einzuleiten. Nun müßten Sie π eingeben. Das haben Sie Sie zwar schon bei der Berechnung der druckbeaufschlagten Fläche kennengelernt, dennoch sollen Sie hier den Funktionsassistenten bemühen.

Sie sehen, daß im Namensfeld die Funktion „SIN" mit dem nebenstehendem Button eingetragen ist. Wenn Sie jetzt auf diesen Button drücken, werden alle anderen Funktionen zugänglich. Die letztbenutzten sind praktischerweise direkt auswählbar, alle anderen im Auswahlmenü. Wählen Sie PI aus. Das Dialogfeld und die Bearbeitungszeile sehen jetzt aus wie in Bild 9-3 dargestellt. Da Sie noch durch 180 teilen müssen, dürfen Sie jetzt nicht mit „Ende" abschließen. Rücken Sie den Curser hinter die () von PI und tippen ein „/180".

Bild 9-3:

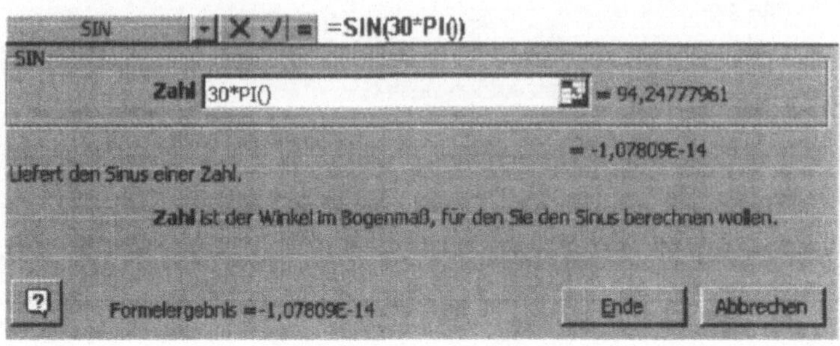

Eingabe   /180

Sobald Sie das"/"-Zeichen eingegeben haben, wir der Funktionsassistent für SIN aufgerufen und Sie können normal die Eingabe abschließen.

Bild 9-4:
Das komplette
Argument der
SIN-Funktion

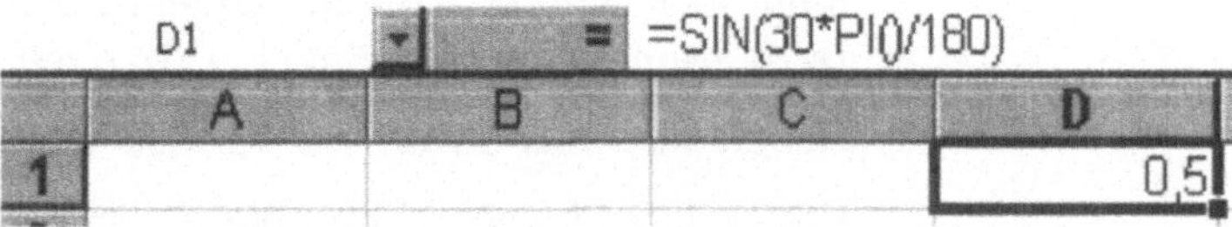

In Bild 9-4 sehen Sie das Ergebnis in Zelle D1 und die zugehörige Formel in der Bearbeitungszeile.

Da der Funktionsassistent aber auch die Funktion „BOGENMASS" enthält, können Sie auch, ähnlich wie bei der Eingabe von PI folgendes mit dem Funtionsassistenten eingeben: =SIN(BOGENMASS(30)). Probieren Sie es – es geht einfacher!

Weitere Informationen in Excel 5.0

- Benutzerhandbuch Teil 2, Kapitel 10: Erstellen von Formeln und Verknüpfungen.

- Hilfe-Funktion „Suchen", Stichwort: Funktions-Assistent, Thema: Einfügen einer Tabellenfunktion in eine Formel mit Hilfe des Funktions-Assistenten.

- Beispiele und Demos, Stichwort: Erstellen von Formeln und Verknüpfungen, Thema: Verwenden des Funktions-Assistenten.

9.2   Die Funktionen

Die im folgenden Kapitel aufgeführten Funktionen beschreiben nur einen Auszug aus dem Funktionsumfang von Excel. Es werden nur die Funktionen erläutert, die in der Technik am meisten Verwendung finden.

Die Funktionen werden kurz erläutert. Die Syntax (Schreibweise) der Funktion wird gezeigt, wobei die Bedeutung der Argumente einzeln erklärt wird. Jeder Funktionsbeschreibung sind ein oder mehrere Beispiele nachgestellt.

Die Funktionen können Sie direkt über Tastatur, über den Funktionsassistenten oder über das Menü „Einfügen" - „Funktion" aufrufen.

Beachten Sie bei der Eingabe über Tastatur:

- Eine Formel (eine Funktion steht immer in einer Formel) muß mit einem Gleichheitszeichen (=) beginnen.

- Die Argumente der Funktion werden durch Klammern vom Funktionsnamen getrennt.

- Argumente werden durch Semikolon (;) voneinander getrennt.

Wählen Sie zum Experimentieren ein neues Tabellenblatt!

9.2.1   Trigonometrische Funktionen

SINUS-Funktion
Ermittelt den Sinus eines Winkels.

Diese Funktion haben Sie im Kapitel 9.1 bereits kennengelernt. Hier noch einmal eine Zusammenfassung und drei weitere Beispiele.

Syntax:

SIN(*ZAHL*)

- *ZAHL*

  ZAHL ist eine Zahl im Bogenmaß. Um den Winkel in Grad einzugeben, multiplizieren Sie den Winkel mit π/180• oder wählen Sie die „Unterfunktion" „Bogenmass"

Beispiele:

1. Sie suchen in der Zelle A10 den Sinuswert von π.

Eingabe

Zelle A10; =SIN(PI())

Ergebnis: 1.2251E-16

Sie wissen sicherlich, daß *sin* π bzw. *sin* 180 Null ergibt. Hier sehen Sie die Grenzen von Excel: die Rechengenauigkeit reicht dafür nicht aus. Wir kommen auf das Thema in Kapitel 9.2.2 "Mathematische Funktionen" noch mal zurück, wo wir zeigen, wie man mit der Funktion „Runden" dieses Manko beheben kann.

2. Sie suchen in der Zelle A10 den Sinuswert von 55•.

Eingabe

Zelle A10; =SIN(55*PI()/180)

Ergebnis: 0,81915204

3. Sie suchen in der Zelle A10 den Sinuswert der Zelle A6 mit dem Wert 12.

Eingabe

Zelle A10; =SIN(A6)

Ergebnis: -0,53657292

Hinweis

Da die Zelle A6 verdeckt ist, müssen Sie das Dialogfeld verschieben!

COSINUS-Funktion

Ermittelt den Cosinus eines Winkels.

Syntax:

COS(*ZAHL*)

*   *ZAHL*

    ZAHL ist eine Zahl im Bogenmaß. Um den Winkel in Grad einzugeben, multiplizieren Sie den Winkel mit π/180• oder wählen Sie die „Unterfunktion" „BOGEN-MASS".

Beispiele:

1. Sie suchen in der Zelle A10 den Cosinuswert von π.

Zelle A10; =COS(PI())

Ergebnis: -1

2. Sie suchen in der Zelle A10 den Cosinuswert von 30•.

Eingabe

Zelle A10; =COS(30*PI()/180)

Ergebnis: 0,8660254

3. Sie suchen in der Zelle A10 den Cosinuswert der Zelle A9 mit dem Wert 20.

Eingabe

Zelle A10; =COS(A9)

Ergebnis: 0,40808206

TANGENS-Funktion

Ermittelt den Tangens eines Winkels.

Syntax:

TAN(*ZAHL*)

- *ZAHL*

   ZAHL ist eine Zahl im Bogenmaß. Um den Winkel in Grad einzugeben, multiplizieren Sie den Winkel mit π/180• oder wählen Sie die „Unterfunktion" „BOGEN-MASS".

Beispiele:

1. Sie suchen in der Zelle A10 den Tangenswert von π/2.

Eingabe

Zelle A10; =TAN(PI()/2)

Ergebnis: +1,2251E+16

Dasselbe Problem wie beim Sin-Beispiel! Der Wert entspricht „Unendlich".

2. Sie suchen in der Zelle A10 den Tangenswert von 45•.

Eingabe

Zelle A10; =TAN(45*PI()/180)

Ergebnis: 1

3. Sie suchen in der Zelle A10 den Tangenswert der Zelle
    A9 mit dem Wert 10.

Eingabe   Zelle A10; =TAN(A9)

Ergebnis: 0,64836083

9.2.2   Mathematische Funktionen

RUNDEN-Funktion

Ermittelt aus einer Zahl oder einer Zelle eine gerundete Zahl.

Syntax:

RUNDEN(*ZAHL;STELLEN*)

*   *ZAHL*

    ZAHL ist eine Zahl

Beispiele:

1. Sie suchen in der Zelle A8 den auf zwei Stellen *gerun-
    deten* Wert der Zahl 123,4567.

Eingabe   Zelle A8; =RUNDEN(123,4567;2)

Ergebnis: 123,46

2. Sie suchen in der Zelle A10 den auf eine Stelle *gerun-
    deten* Wert der Funktion sin π. Die sin-Funktion soll in
    Zelle A7 berechnet werden.

Eingabe   Zelle A8; =RUNDEN(A7;1)

Ergebnis: 0

Sie sehen, wie man sich bei dem Problem, was durch die
nicht ausreichende Rechengenauigkeit entsteht, helfen kann
(siehe Kapitel 9.2.1).

SUMME-Funktion

Ermittelt die *Summe* von Zahlen, Zellen oder aus Bereichen.
Sie dürfen maximal 30 Argumente in der *Summe*-Funktion
verwenden.

Syntax 1:

SUMME(*ZAHL1;ZAHL2;...*)

- *ZAHL1;ZAHL2;...*

  ZAHL1;ZAHL2;... sind Zahlen.

Beispiel:

1. Sie suchen in der Zelle A10 die Summe der Zahlen 1, 5 und 9.

Eingabe **Zelle A10; =SUMME(1;5;9)**

Ergebnis: 15

Syntax 2:

SUMME(*ZELLE1;ZELLE2;...*)

- *ZELLE1;ZELLE2;...*

  ZELLE1;ZELLE2;... sind Zelladressen.

Beispiel:

1. Sie suchen in der Zelle A10 die Summe der Zellen A1, A5 und A9. Der Zelleninhalt der Zellen sind die Zahlen 1, 5 und 9.

Eingabe **Zelle A10; =SUMME(A1;A5;A9)**

Ergebnis: 15

Syntax 3:

SUMME(*BEREICH1;BEREICH 2;...*)

- *BEREICH1;BEREICH 2;...*

  BEREICH1;BEREICH 2;... sind Zellbereiche, wobei ein Bereich eine oder mehrere Zellen groß sein kann.

Beispiel:

1. Sie suchen in der Zelle A10 die Summe der Zellbereiche A1 bis A3 und B5 bis B6. Der Zelleninhalt der Zellen sind die Zahlen 5, 3, -9 und 4,5 und -3,1.

Eingabe **Zelle A10; =SUMME(A1:A3;B5:B6)**

Ergebnis: 0,4

oder

Eingabe   **Zelle A10; =SUMME(A1:A3;B5;B6)**

Ergebnis: 0,4

oder

Eingabe   **Zelle A10; =SUMME(A1;A2;A3;B5:B6)**

Ergebnis: 0,4

Σ Mit dem nebenstehenden Symbol können Sie auch die Summe an das Ende eines vorher markierten Spalten- oder Zeilenbereichs eintragen.

WURZEL-Funktion

Ermittelt die Quadratwurzel einer Zahl oder Zelle.

Syntax:

WURZEL(*ZAHL*)

- *ZAHL*

  ZAHL ist eine positive Zahl. Wird die *Wurzel* für eine negative Zahl berechnet, erscheint die Meldung „#ZAHL!" in der Zelle.

Beispiele:

1. Sie suchen in der Zelle A10 die Quadratwurzel der Zahl 2.

Eingabe   **Zelle A10; =WURZEL(2)**

Ergebnis: 1,41421356

2. Sie suchen in der Zelle A10 die Quadratwurzel der Zelle A8. Die Zelle A8 hat den Inhalt 16.

Eingabe   **Zelle A10; =WURZEL(A8)**

Ergebnis: 4

9.2.3   **Statistische Funktionen**

ANZAHL-Funktion

Ermittelt die Anzahl der Zellen, deren Inhalt Zahlen sind. Zellen mit abweichendem Inhalt werden bei der Zählung nicht berücksichtigt. Maximal 30 Argumente sind zulässig.

Syntax 1:

ANZAHL(*ZELLE1;ZELLE2;...*)

- *ZELLE1; ZELLE2;...*

  ZELLE ist eine Zelladresse.

Beispiel:

1. Sie suchen in der Zelle A10 die Anzahl der Zahleneintragungen für die Zellen A1, A3, A5 und A9. Dabei stehen in den Zellen A1 und A3 Zahlen, in Zelle A5 der Text „Test" und Zelle A9 ist ohne Inhalt.

Eingabe **Zelle A10; =ANZAHL(A1;A3;A5;A9)**

Ergebnis: 2

Syntax 2:

ANZAHL(*BEREICH1;BEREICH2;...*)

- *BEREICH1;BEREICH2;...*

  BEREICH ist ein Zellbereich.

Beispiel:

1. Sie suchen in der Zelle A10 die Anzahl der Zahleneintragungen für den Bereich A1 bis A9. Dabei stehen in den Zellen A1 und A4 Zahlen, in Zelle A5 ist ohne Inhalt und in Zelle A9 steht „OK".

Eingabe **Zelle A10; =ANZAHL(A1:A9)**

Ergebnis: 8

MAX-Funktion

Ermittelt die größte Zahl aus Zahlen, Zellen oder aus Bereichen. Sie dürfen maximal 30 Argumente in der *Max*-Funktion verwenden.

Syntax 1:

MAX(*ZAHL1;ZAHL2;...*)

- *ZAHL1;ZAHL2;...*

  ZAHL1;ZAHL2;... sind Zahlen.

Beispiel:

1. Sie suchen in der Zelle A10 die größte Zahl der Zahlen 1, 5 und 9.

Eingabe

Zelle A10; =MAX(1;5;9)

Ergebnis: 9

Syntax 2:

MAX(*ZELLE1;ZELLE2;...*)

- *ZELLE1;ZELLE2;...*

  ZELLE1;ZELLE2;... sind Zelladressen.

Beispiel:

1. Sie suchen in der Zelle A10 die größte Zahl der Zellen A1, A5 und A9. Der Zelleninhalt der Zellen sind die Zahlen 1, 5 und 9.

Eingabe

Zelle A10; =MAX(A1;A5;A9)

Ergebnis: 9

Syntax 3:

MAX(*BEREICH1;BEREICH 2;...*)

- *BEREICH1;BEREICH 2;...*

  BEREICH1;BEREICH 2;... sind Zellbereiche, wobei ein Bereich eine oder mehrere Zellen groß sein kann.

Beispiel:

1. Sie suchen in der Zelle A10 die größte Zahl der Zellbereiche A1 bis A3 und B5 bis B6. Der Zelleninhalt der Zellen sind die Zahlen 5, 3, -9 und 4,5 und -3,1.

Eingabe

Zelle A10; =MAX(A1:A3;B5:B6)

Ergebnis: 5

oder

Eingabe

Zelle A10; =MAX(A1:A3;B5:B6)

Ergebnis: 5

oder

Eingabe
Zelle A10; =MAX(A1;A2;A3;B5:B6)

Ergebnis: 5

MIN-Funktion

Arbeitet entsprechend der Max-Funktion. Sie ermittelt die kleinste Zahl aus Zahlen, Zellen oder aus Bereichen. Sie dürfen maximal 30 Argumente in der *Min*-Funktion verwenden.

MITTELWERT-Funktion

Ermittelt den arithmetischen *Mittelwert* aus Zahlen, Zellen oder aus Bereichen. Sie dürfen maximal 30 Argumente in der *Mittelwert*-Funktion verwenden.

Syntax 1:

MITTELWERT(*ZAHL1;ZAHL2;…*)

- *ZAHL1;ZAHL2;…*

  ZAHL1;ZAHL2;… sind Zahlen.

Beispiel:

1. Sie suchen in der Zelle A10 den *Mittelwert* der Zahlen 1, 5 und 9.

Eingabe
Zelle A10; =MITTELWERT(1;5;9)

Ergebnis: 5

Syntax 2:

MITTELWERT(*ZELLE1;ZELLE2;…*)

- *ZELLE1;ZELLE2;…*

  ZELLE1;ZELLE2;… sind Zelladressen.

Beispiel:

1. Sie suchen in der Zelle A10 den *Mittelwert* der Zellen A1, A5 und A9. Der Zelleninhalt der Zellen sind die Zahlen 1, 5 und 9.

Eingabe
Zelle A10; =MITTELWERT(A1;A5;A9)

Ergebnis: 5

Syntax 3:

MITTELWERT(*BEREICH1;BEREICH 2;...*)

* *BEREICH1;BEREICH 2;...*

  BEREICH1;BEREICH 2;... sind Zellbereiche, wobei ein Bereich eine oder mehrere Zellen groß sein kann.

Beispiel:

1. Sie suchen in der Zelle A10 den *Mittelwert* der Zellbereiche A1 bis A3 und B5 bis B6. Der Zelleninhalt der Zellen sind die Zahlen 5, 3, -9 und 4,5 und -3,1.

Eingabe   **Zelle A10; =MITTELWERT(A1:A3;B5:B6)**

Ergebnis: 0,08

oder

Eingabe   **Zelle A10; =MITTELWERT(A1:A3;B5;B6)**

Ergebnis: 0,08

oder

Eingabe   **Zelle A10; =MITTELWERT(A1;A2;A3;B5:B6)**

Ergebnis: 0,08

9.2.4   Logikfunktionen

WENN-Funktion
Legt den Zellinhalt in Abhängigkeit einer Bedingung fest.

Syntax:

WENN(*BEDINGUNG;DANN;SONST*)

* *BEDINGUNG*

  Ist die *BEDINGUNG* erfüllt, wird WAHR an die WENN-Funktion zurückgegeben. FALSCH wird gemeldet, wenn die Bedingung nicht erfüllt ist.

  Um eine *BEDINGUNG* zu erzeugen, können Vergleichsoperatoren (=, <, >, < >, <=, >=) und logische Operatoren (UND, ODER, NICHT) eingesetzt werden.

* *DANN*

  In *DANN-Wert* wird angegeben, was im WAHR-Fall der Bedingung eintreten soll. Es können hier Zahlen, Text oder Zelladressen eingegeben werden. Diese erscheinen in der Zelle, in der die Wenn-Abfrage steht.

- *SONST*

  SONST beschreibt den FALSCH-Zweig der Abfrage. Die Eingaben können ebenfalls Zahlen, Text oder Zelladressen sein.

Beispiele:

1. Die markierte Zelle ist A10. Dort soll die Meldung „Wert zu klein" erscheinen, wenn der Wert aus Zelle A8 kleiner ist als der Wert in Zelle A9. Ist die Bedingung nicht erfüllt, soll die Zelle leer bleiben.

Eingabe

Zelle A10; =WENN(A8<A9;"Wert zu klein";"")

Damit das Beispiel funktioniert, müssen Sie natürlich in Zelle A8 und A9 Werte eintragen. Probieren Sie es!

2. Das zweite Beispiel zeigt, daß auch Kombinationen und Verschachtelungen möglich sind. In der Zelle A10 soll der Inhalt der Zelle A7 angezeigt werden, wenn die Zelle A7 größer ist als die Zellen A8 und A9. Ist dies nicht der Fall, soll der größte Wert der beiden Zellen A8 und A9 in Zelle A10 angezeigt werden.

Eingabe

Zelle A10; =WENN(A7>UND(A8;A9);A7;WENN(A8>A9;A8;A9))

Wenn Sie Ihre Berechnung etwas aufpeppen wollen, können Sie die Aussage, ob die Feder dauerfest ist, mit aufnehmen. Geben Sie dazu in das Tabellenblatt „Berechnung" ein:

Eingabe

Zelle E36; =WENN(C35<=F33;"Feder ist dauerfest";"Feder ist bruchgefährdet")

Weitere Informationen in Excel 5.0

- Hilfe-Funktion „Suchen", Stichwort: Funktion - Tabelle, Thema: Alphabetische Liste der Tabellenfunktionen.

9.3 Aufgabenspezifische Funktionen anlegen

Die Funktionen, die Excel von Haus aus mitbringt, sind für den Anwender eine große Erleichterung. So haben Sie zum Beispiel schnell den Mittelwert von einigen Zahlen berechnet ohne große Formeln zu schreiben. In manchen Fällen jedoch ist auch der Funktionsumfang in Excel erschöpft. Um dieses Manko auszugleichen, besteht die Möglichkeit, in Excel sogenannte benutzerdefinierte Funktionen zu erstellen.

Sie erstellen selbst eine Funktion, die Sie aus der Tabelle aufrufen können wie jede andere Excel-Funktion. Den Namen, die Argumentenliste und selbstverständlich die Berechnungsformel legen Sie selbst fest.

Sicherlich ist es nicht sinnvoll, jede Formel in Ihrer Berechnung als eigne Funktion zu definieren. Erst bei häufiger Benutzung einer Formel würde sich der Aufwand lohnen. Um Ihnen jedoch die Vorgehensweise bei der Erstellung von aufgabenspezifischen Funktionen zu erläutern, sollen Sie die Formel für die näherungsweise Ermittlung des Drahtdurchmessers in Zelle C16 als benutzerdefinierte Funktion erstellen. Zur Erinnerung noch einmal die Berechnungsformel:

$$d \cong 0{,}16 \cdot \sqrt[3]{D_e \cdot F_{max}}$$

Benutzerdefinierte Funktionen werden in Visual Basic-Modulen geschrieben. Da durch die Makroaufzeichnung Visual Basic bereits genutzt wurde und schon ein Modulblatt vorhanden ist, aktivieren Sie das Modul „Modul1" in der Arbeitsmappe. Setzen Sie den Cursor auf das Blattende, indem Sie die Tastenkombination [Strg]+[Ende] drücken. Um eine Leerzeile einzufügen, drücken Sie die [↵]-Taste.

Befindet sich jedoch noch kein Modulblatt in Ihrer Mappe oder wollen Sie ein neues Modulblatt eröffnen, starten Sie Visual Basic durch den Menüpunkt „Extras"-„Makros"-„Visual Basic-Editor" und erzeugen dort einen neuen Modul über den Menüpunkt „Einfügen"-„Modul". Erzeugen Sie im Textfeld eine Kommentarzeile, indem Sie am Zeilenanfang ein Hochkomma-(') Zeichen (Tastenkombination [⇧]+[#]) eingeben.

Eingabe

' Benutzerdefinierte Funktion für den vorgewählen Drahtdurchmesser

Die Schrift hat sich nach Betätigen der [↵]-Taste grün eingefärbt. In den Visual Basic-Modulen werden den verschiedenen Eingabecodes (z.B. Kommentar) unterschiedliche Farben zugeordnet. Dies erleichtert die Übersichtlichkeit.

Sie müßten an dieser Stelle etwas mehr über den Visual Basic Editor wissen. Das sprengt allerdings den Umfang dieses Buches. Nur so viel: Sie programmieren in englisch, d.h. eine Funktion wird zur function, Ende heißt end, ein Komma wird zum Punkt und ein ; zum Komma. Das ist zwar störend, hat aber auch Vorteile. Gegenüber den Versionen Excel 5 und 7 hat sich viel gändert, so daß hier nur noch die aktuelle Version besprochen werden kann. So gibt es in Excel 97 keine Zwänge hinsichtlich Groß- und Kleinschreibung mehr. Wir empfehlen aber trotzdem für unsere Funktionsdefinitionen bei Großbuchstaben zu bleiben. Unter die Kommentarzeile geben Sie ein (und achten auf die Goß- und Kleinschreibung):

Eingabe   funktion DURCHVOR

Nach drücken der ⏎-Taste passiert einiges:

-function   wird mit großen Anfangsbuchstaben in blau geschrieben

-hinter DURCHVOR wird eine „()" Klammer gesetzt

-es wird eine Leerzeile eingefügt, in der der Curser blinkt

-es wird eine Zeile mit dem Eintrag „End Funktion" eingefügt

Damit steht das Gerippe für Ihre selbstdefinierte Funktion. Sie müssen nur noch die Variablen De und Fmax deklarieren und die Berechnungsformel einfügen.

Setzen Sie den Curser in die „()" hinter DURCHVOR und geben ein

Eingabe   De,Fmax

Achten Sie darauf, daß das Trennzeichen ein Komma sein muß! Die Berechnungsformel schreiben Sie in die nächste

Zeile, indem Sie mit der ⬇ die Function- Zeile verlassen und zuerst mit der ⬅ ➡ die Zeile einrücken. Achten Sie jetzt unbedingt auf die Kleinschreibung. Sie werden sofort sehen warum:

Eingabe

durchvor=0,16*(de*fmax)^(1/3)

Wenn Sie mit ⬇ die Zeile verlassen, wird die Syntax überprüft, was sich darin äußert, daß

- durchvor so geschrieben wird, wie Sie es deklariert haben, nämlich DURCHVOR

- aus de und fmax wird De und Fmax

- und es werden Leerzeichen zwischen die Therme gesetzt.

Sollten Sie an Stelle des Dezimalpunktes ein Komma gesetzt haben, werden Sie entsprechend „angemeckert".

Der Cursor steht am Ende hinter „End Fuction" – damit ist das Macro erstellt und in die Funktionsliste übernommen worden.

Wenn Sie mehr über Visual Basic wissen, werden Sie feststellen, daß man manches auch noch anders und einfacher machen kann. Das soll aber für´s erste genügen.

Das vollständige Listing sieht jetzt so aus:

```
' Benutzerdefinierte Funktion für den vorgewählten
Drahtdurchmesser
Function DURCHVOR(De, Fmax)
    DURCHVOR = 0,16 * (De * Fmax) ^ (1 / 3)
End Function
```

Um die Funktion anzuwenden, aktivieren Sie wieder das Blatt „Berechnung". Um eine Vergleichsrechnung mit der schon bestehenden Berechnungsformel für den vorgewählten Drahtdurchmesser anzustellen, markieren Sie die Zelle D17. Geben Sie nachfolgendes ein:

Eingabe

Zelle D17; =durchvor(c10;f9)

Nach Betätigen der ↵-Taste wird die Formel berechnet.

Sie können die Funktion auch über die Menüpunkte „Einfügen" - „Funktion" über den Funktionsassistenten aufrufen. Die benutzerdefinierte Funktion finden Sie in der gleichnamigen Kategorie (Bild 9-7).

Bild 9-7:
Funktionsassistent
Auswahlmenü

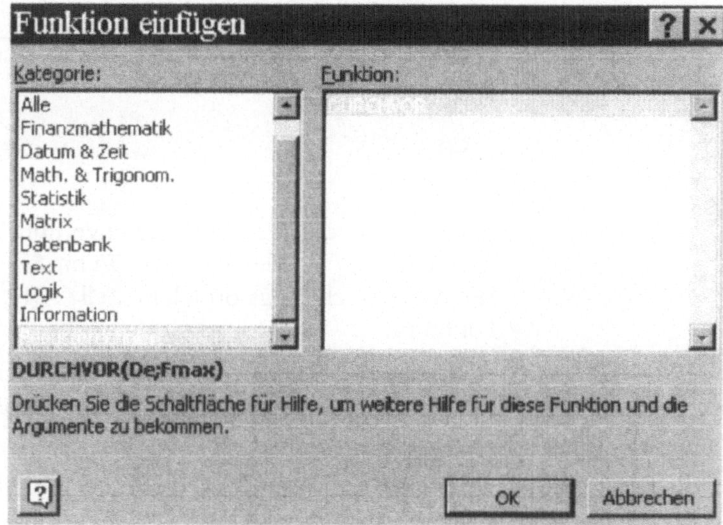

Durch „OK" nach Auswahl der Funktion DURCHVOR erscheint der Funktionsassistent, wie in Bild 9-8 dargestellt. Geben Sie genauso die Zelladressen ein, wie zuvor beim Funktionsaufruf über Tastatur oder probieren Sie die Eingabe von Werten.

Bild 9-8:
Funktionsas-
sistent

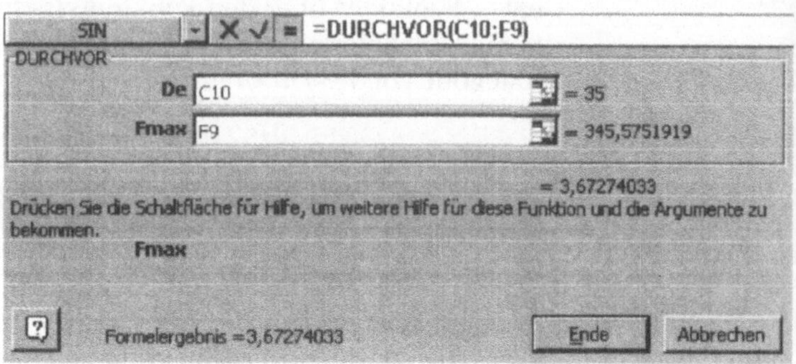

Nachdem Sie den Vergleich durchgeführt haben, können Sie die Zelle D17 wieder löschen. Wenn Sie möchten, ersetzen Sie die Berechnungsformel in Zelle C17 mit der erstellten Funktion.

Selbsterstellte Funktionen stehen nicht nur in der aktuellen Arbeitsmappe, sondern allgemein zur Verfügung.

Weitere Informationen in Excel 5.0

- Visual Basic Benutzerhandbuch, Kapitel 3: Erstellen einer benutzerdefinierten Funktion.

- Hilfe-Funktion „Suchen", Stichwort: Benutzerdefinierte Funktionen, Thema: Übersicht über das Erstellen benutzerdefinierter Funktionen.

- Beispiele und Demos, Stichwort: Verwenden von Visual Basic, Thema: Erstellen und Verwenden einer benutzerdefinierten Funktion.

10

Federoptimierung mit der „Was wäre wenn"-Analyse

Sie kennen das Problem aus der Praxis: In einer Formel hängt das Ergebnis von mehreren Variablen ab. Um bei vorgegebenem Ergebnis den Wert einer Variablen zu ermitteln, müssen Sie die Gleichung umstellen. Das ist manchmal sehr mühsam. Unter Umständen, wenn die Variable mehrfach im Zähler und Nenner, vielleicht noch als Exponent oder Argument einer Funktion, vorkommt, ist es gar nicht möglich. Excel stellt für solche „Was-wäre-wenn"-Probleme ein Paket an Funktionen zur Verfügung.

10.1   Einfluß einer Variablen: Mehrfachoperation

Um den Einfluß von Variablen in einer Formel zu untersuchen, können Sie die Variablen variieren. Die Formel wird entsprechend unterschiedliche Ergebnisse liefern.
Das haben Sie beim Demobeispiel bereits gemacht, indem Sie eine Variante berechnet haben. Müssen aber sehr viele Varianten gerechnet werden, um einen bestimmten Zielwert zu erreichen, wäre die bisherige Vorgehensweise recht mühsam. Excel bietet für solche Aufgaben die Funktion „Mehrfachoperation" an. Sie sollen sie anhand des Demobeispiels kennenlernen!

Nehmen wir an, es stehen Ventilgehäuse mit unterschiedlichem Innendurchmesser zur Verfügung. Sie müssen überprüfen, welcher neuer Drahtdurchmesser sich bei den notwendigen Außendurchmessern der Feder ergibt. Sie erhalten als Ergebnis mehrere Drahtdurchmesser, die Sie mit dem Lagerbestand an Federdraht vergleichen. Ist ein Drahtdurchmesser vorrätig, wird das passende Gehäuse festgelegt.

Zur Berechnung ändern Sie die Variablen „D_e" gemäß der Stufung des Gehäuseinnendurchmessers und nutzen die Funktion „Mehrfachanalyse". Die Formel wird für alle vorgegebenen Werte berechnet, so daß Sie die Auswirkung der Variation unmittelbar sehen können.

Um die Mehrfachoperation einzuleiten, geben Sie die Berechnungsformel für den vorgewählten Drahtdurchmesser in einem freien Bereich des Berechnungsblatts „Berechnung" ein:

Eingabe   Zelle F12; =durchvor(c10;f9)

In der Spalte links von der Bezugszelle (hier F12) geben Sie unterhalb der Berechnungsgleichung (hier ab E13) die Werte, für die der Außendurchmesser variiert werden soll, ein. Übernehmen Sie dazu die Werte, wie Sie in Bild 10-1 zu sehen sind. Damit Sie nicht alle Varianten eingeben müssen, **Selbsterstellen** nutzen Sie eine weitere sehr hilfreiche Funktion von Excel: **von Reihen** das Selbsterstellen von Reihen. Sie benötigen den Außendurchmesser ab 35 mm in 5 mm-Sprüngen bis 60 mm (wenn Sie wollen, auch mehr) Stufen. Geben Sie in die Zellen E13 „35" und in E14 „40" ein.

Eingabe   Zelle E13; 35

Eingabe   Zelle E14; 40

Markieren Sie beide Zellen und ziehen mit dem Ausfüllkästchen bis Zelle E18. Die Reihe entsteht von selbst.

Bild 10-1:
Mehrfachoperation vorbereiten

	E	F
12		3,67274033
13	35	
14	40	
15	45	
16	50	
17	55	
18	60	

Markieren Sie den Bereich E12:F18 für die Mehrfachoperation. Rufen Sie dann das Menüfeld „Mehrfachoperation..." aus dem Menü „Daten" auf. Es erscheint das Dialogfeld aus Bild 10-2.

Bild 10-2:
Dialogfeld
Mehrfachopera-
tion

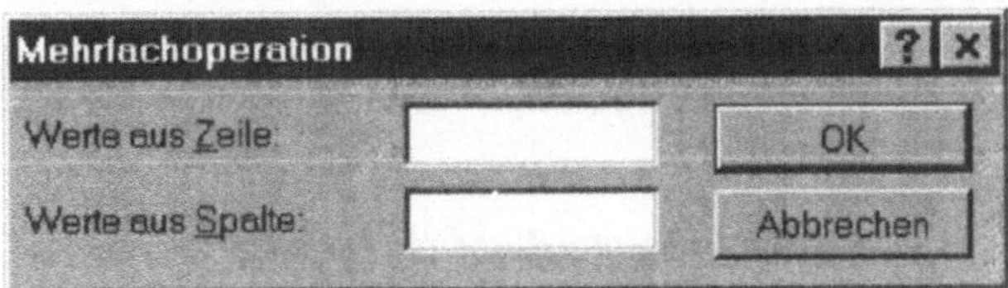

Sie müssen jetzt die Zelle festlegen, die durch die eingege-
benen Werte ersetzt werden soll. In unserem Fallbeispiel ist
dies die Zelle C10 mit dem Außendurchmesser D_e. Da die
variierten Werte in einer Spalte zu finden sind, geben Sie
„C10" in „Werte aus Spalte:" ein. (Sie erinnern sich: Sie Können auch einfach die Zelle anklicken, wenn Sie den Cursor
in das Eingabefeld gerückt haben!) Durch das Drücken von
„OK" starten Sie die Mehrfachoperation. Das Ergebnis sehen
Sie in Bild 10-3.

Bild 10-3:
Ergebnis
der Mehrfacho-
peration

	E	F
12		3,67274033
13	35	3,67274033
14	40	3,83990848
15	45	3,99366576
16	50	4,13641603
17	55	4,26994002
18	60	4,39559794

Wenn Sie die Daten nicht mehr benötigen, löschen Sie sie,
indem Sie den Bereich E12:F18 markieren und dann die
[Entf]-Taste drücken.

Sie sehen, wie leicht es ist, für einen großen Bereich eine
Wertetabelle zu erzeugen.

Anmerkung

Um Ihren Spieltrieb noch etwas anzuregen:

Erstellen Sie eine Werttabelle für De von 0 bis 100 und erzeugen Sie mit Hilfe des Diagrammassistenten ein dazugehö-
riges Diagramm! Wenn Sie dafür länger als drei Minuten
brauchen, müssen Sie noch mal zurück ins Kapitel 7. (Daß

eine Parabel dargestellt wird, haben Sie ja der Funktion schon angesehen - oder!?)

Weitere Informationen in Excel 5.0

- Benutzerhandbuch Teil 6, Kapitel 27: Lösen von Was-wäre-wenn-Problemen.

- Hilfe-Funktion „Suchen", Stichwort: Mehrfachoperationen, Thema: Ausfüllen einer Mehrfachoperation mit einem Eingabefeld.

10.2 Wertbestimmung durch Zielwertsuche

Eine einfache „Was-wäre-wenn"-Analyse ist die sogenannte Zielwertsuche. Sie legen den Zielwert, also das Ergebnis, einer Gleichung fest.

Mit der Funktion Zielwertsuche wird der Wert der Zelle, die die veränderliche Variable enthält, iterativ so lange verändert, bis der Zielwert genügend genau erreicht ist. Sie sparen sich damit das mühsame Umformen der Gleichung und rechnen implizit.

An unserem Beispiel sollen Sie die Vorgehensweise kennenlernen.

Angenommen Sie hätten gerade nur einen Federdraht mit einem Durchmesser von 4 mm auf Lager und haben durch eine Neuauflage der Teilefertigung die Gelegenheit, den Außendurchmesser des Sicherheitsventils zu beeinflussen.

Der neue Wert für d soll also 4 mm sein. Also gehen Sie auf das Feld C16 des Berechnungsblatts „Berechnung".

Um die Zielwertsuche einzuleiten, rufen Sie im Menü „Extras" den Menüfeld „Zielwertsuche..." auf. Das Dialogfeld „Zielwertsuche" (Bild 10-4) erscheint.

Bild 10-4:
Dialogfeld Ziel-
wertsuche

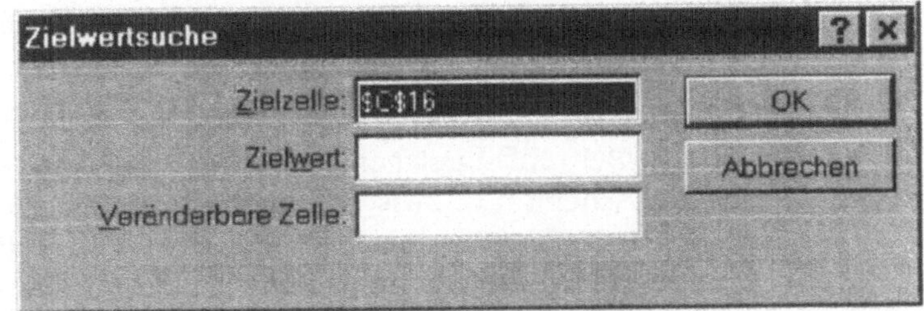

Weil die Zielzelle bei Aufruf von „Zielwertsuche" bereits angewählt war, erscheint Sie im Zielzellenfeld. Andernfalls
müßten Sie sie (ohne $-Zeichen) eingeben. Der Wert, der die
Zielzelle erreichen soll, wird in „Zielwert" angegeben. „Veränderbare Zelle" verlangt nach der Zelle, die zur Zielwertsuche verändert werden darf. Das ist hier der Außendurchmesser. Richten Sie für das Demobeispiel die Eingaben gemäß
Bild 10-5 ein.

Bild 10-5:
Dialogfeld Ziel-
wertsuche

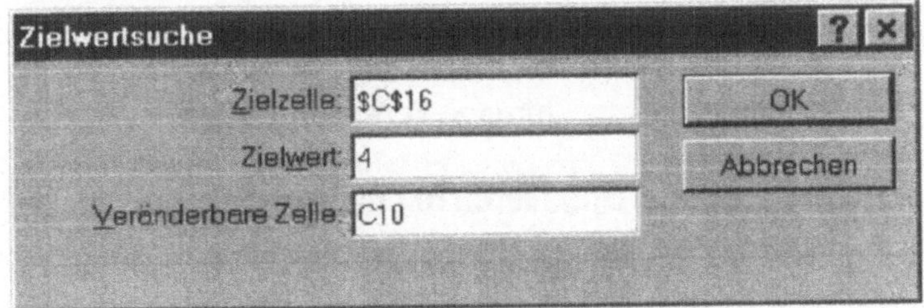

Schließen Sie das Dialogfeld mit „OK", erscheint nach kur-
zem Rechenlauf ein weiteres Dialogfeld (Bild 10-6), was so
aussehen könnte.

Bild 10-6:
Status der Ziel-
wertsuche

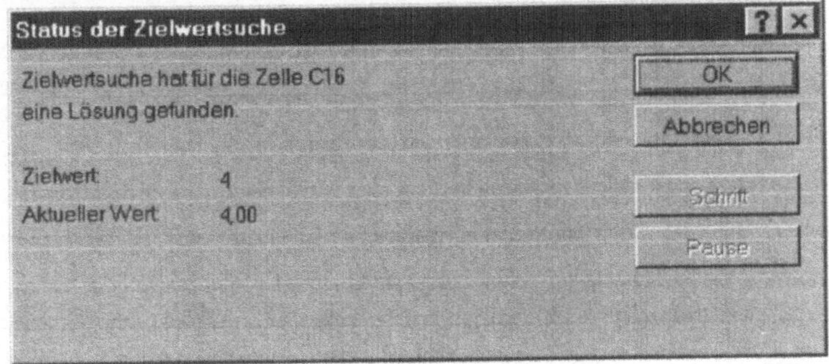

Sie haben erlebt, wie Excel implizit gerechnet hat, indem D_e so lange iterativ verändert wurde, bis der Zielwert d = 4 mm erreicht wurde.

Bei umfangreichen Iterationen und langsamen Rechnern erscheint u.U. zwischendurch ein Statusdialogfeld, bei dem Sie mit den Schaltflächen „Pause" und „Schritt" den Fortschritt der Iteration steuern können. Bei unseren Rechnern und der Version Excel 97 konnten wir dieses Dialogfeld nicht feststellen.

Weitere Informationen in Excel 5.0

- Benutzerhandbuch Teil 6, Kapitel 27: Lösen von Was-wäre-wenn-Problemen.

- Hilfe-Funktion „Suchen", Stichwort: Zielwertsuche - Befehl, Thema: Suchen nach einer bestimmten Lösung für eine Formel mit Hilfe des Befehls Zielwertsuche.

- Beispiele und Demos, Stichwort: Durchführen einer Was-wäre-wenn-Analyse, Thema: Finden einer Lösung für eine Formel.

10.3 Optimieren mit mehreren Variablen: Der Solver

Mit der Zielwertsuche können Sie Gleichungen bearbeiten, bei der das Ergebnis durch die Veränderung nur einer Variablen beeinflußt wird. Da aber die wenigsten Gleichungen von nur einer Unbekannten abhängen, ist die Zielwertsuche lediglich für einfache Probleme geeignet.

Hängt das Ergebnis von mehreren Variablen ab, werden Sie den Solver benutzen. Sie wählen, wie bei der Zielwertsuche eine Zielzelle aus für die Sie einen Zielwert, aber auch einen Minimal- oder Maximalwert berechnen wollen. Anschließend legen Sie die Zellen fest, die die Variablen beinhalten, die veränderbar sind. Zusätzlich können Sie Nebenbedingungen als einschränkende Randbedingungen für die Lösung festlegen.

Um Ihnen die Funktionsweise des Solvers näher zu bringen, sollen Sie für das Demobeispiel folgendes Problem lösen: Der Öffnungsdruck p_2 soll auf 12 bar gesteigert werden. Dabei sollen der Hub s_h und der Federwerkstoff beibehalten werden.

Natürlich können Sie die neuen Werte in das Berechnungsblatt eingeben und diese Variante normal berechnen. Wir möchten Ihnen aber anhand dieses Beispiels zeigen, wie Sie dieses Problem auch mit dem Solver lösen können.

Damit das Ventil erst bei 12 bar öffnet, muß die Feder steifer sein, d. h. die Federrate muß vergrößert werden. Zur Erinnerung noch einmal die Formel für die Federrate:

$$ R = \frac{\Delta F}{s_h} = \frac{G}{8} \cdot \frac{d^4}{D^3 \cdot n} $$

Die Berechnungsgleichung besagt, daß die Federrate R vom Gleitmodul G, vom Drahtdurchmesser d, vom mittleren Windungsdurchmesser D und der Anzahl der federnden Windungen n beeinflußt wird. Da der Gleitmodul vom Werkstoff abhängt und dieser nicht verändert werden soll, bleibt G konstant. Alle anderen Variablen sollen im ersten Schritt als frei veränderbar angenommen werden.

Bevor Sie mit dem Solver starten, ändern Sie im Tabellenblatt „Berechnung" den Wert für p_2 auf 12 bar ab und vergewissern sich, daß die sonstigen Daten dem Stand von Kapitel 6.2 entsprechen.

Eingabe   **Zelle C8; 12**

Damit werden die Werte F_{2vor} und ΔF_{vor} neu berechnet, Werte die Sie später als Kontrollwerte benötigen.

Die Federrate wird in Zelle C25 berechnet. Setzen Sie den Zellzeiger auf diese Zelle. Anschließend Starten Sie den Solver über den Menüpunkt „Solver..." im Menü „Extras". Das Dialogfeld „Solver-Parameter" (Bild 10-7) wird gezeigt.

Bild 10-7:
Dialogfeld Solver-Parameter

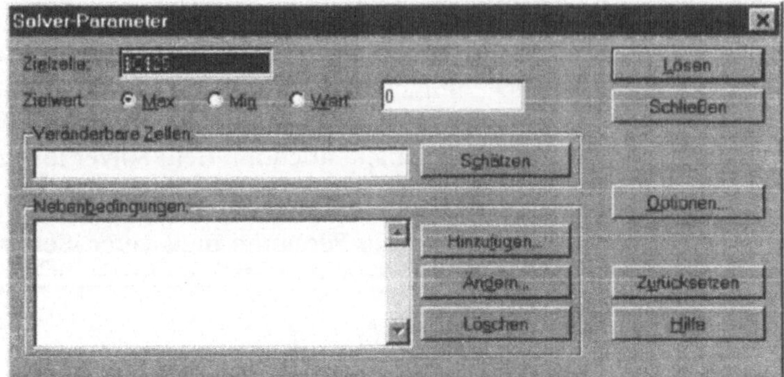

Die Zielzelle ist schon durch die zuvor ausgewählte Zelle,
eingestellt. Als Zielwert muß ein neuer Wert für R eingegeben werden. Gegenüber der ursprünglichen Konstruktion hat
sich die Druckdifferenz zwischen Betriebs- und Öffnungsdruck verdoppelt. Damit ist auch ΔF doppelt so groß. Entsprechend der Formel für die Federrate muß R somit auch
doppelt so groß werden, wenn der Hub s_h konstant bleibt.
Als neuer Zielwert soll somit das Doppelte des bisherigen
Wertes (12,28 N/mm), also ca. 25 N/mm festgelegt werden.
Klicken Sie dazu das Optionsfeld „Wert" an und geben den
Wert 25 ein.

Eingabe 25

Die veränderbaren Zellen lassen Sie Excel selbst ermitteln,
indem Sie die Taste „Schätzen" anklicken.

Dadurch werden alle Zellen angegeben, die direkten oder
indirekten Einfluß auf die Zielzelle haben: C26;C10;C17:C18
(Anstelle der Zellbezüge können unter Umständen auch deren Zellnamen stehen).

Den Gleitmodul, Zelle C18 löschen Sie, da er als Werkstoffkennwert nicht verwendet werden kann. Als Nebenbedingung wollen Sie die kleinste Anzahl der federnden Windungen n auf 1,5 begrenzen. Um das einzustellen, klicken Sie
„Hinzufügen" an und nehmen die in Bild 10-8 dargestellten
Einstellungen vor.

Bild 10-8:
Dialogfeld Nebenbedingungen hinzufügen

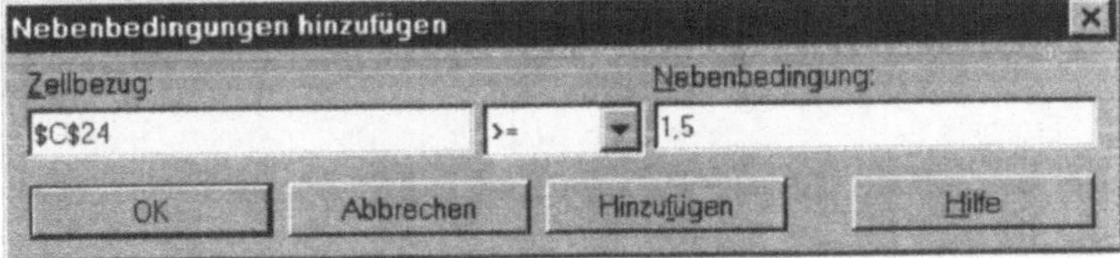

Die Schaltfläche „Hinzufügen" können Sie dazu benutzen weitere Nebenbedingungen hinzuzufügen. Schließen Sie das Dialogfeld mit „OK".

Die korrekten Solver-Parameter sehen Sie im Bild 10-9 eingestellt.

Bild 10-9:
Die korrekten Solver-Parameter

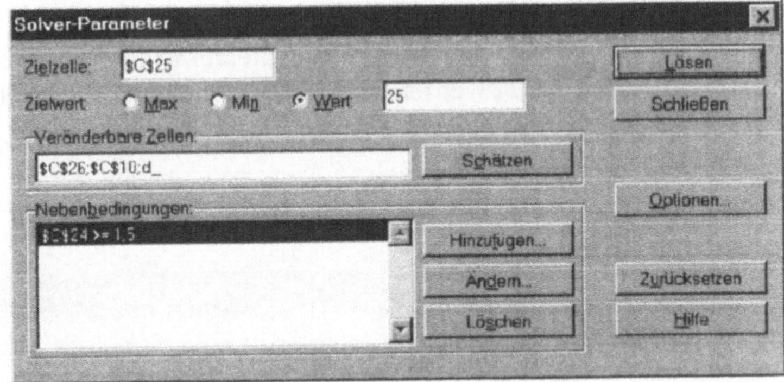

Anmerkung

Nachdem Sie die Nebenbedingung festgelegt haben, hat Excel im Feld „Veränderbare Zellen" den Zellname d_ der Zelle C17 eingetragen.

Drücken Sie die Schaltfläche „Lösen", um den Solver zu starten.

Nach kurzer Zeit meldet sich der Solver mit folgenden Dialogfeld (Bild 10-10):

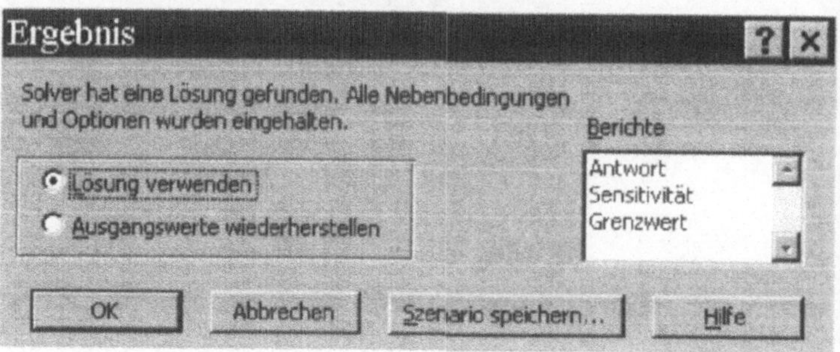

Die Berechnungsergebnisse sowie der Zielwert erscheinen in den entsprechenden Zellen für D_e, d, n und R.

Bei der Einstellung „Iterationsergebnisse anzeigen" Bild (10-11) werden auch Zwischenwerte angezeigt. Die Meldung ist:

„Solver pausiert: Aktuelle Lösungswerte werden im Tabellenblatt angezeigt." Dann müssen Sie auf die Schaltfläche „Weiter" klicken.

Drücken Sie die „OK"-Taste um die vorgeschlagene Lösung zu übernehmen.

Weitere Erläuterungen zu den Funktionen „Berichte erstellen" und „Szenario speichern..." entnehmen Sie den Hilfetexten.

Die Federrate beträgt wie gewünscht 25 N/mm. Die Anzahl der federnden Windungen wurde mit $n = 4,4$, der Drahtdurchmesser auf $d = 3,9510...$ mm errechnet. Der Wert für n' ergibt sich aus den vom Solver vorgeschlagenen Werten und ΔF_{2vor}. Sie haben jetzt die Möglichkeit, „Von Hand" für $n = 4,5$ und für den Drahtdurchmesser den nächstliegenden Normdurchmesser $d = 4$ mm einzugeben und den Außendurchmesser auf $D_e = 32,5$ mm runden. Die Abweichungen zum Zielwert sind damit akzeptabel.

Wenn auch das erzielte Ergebnis vernünftig ist, muß doch darauf hingewiesen werden, daß der Solver sich sehr stark an den Ausgangswerten der veränderbaren Zellen, aber auch an der Abhängigkeit des Zielwerts von den Variablen orientiert. So geht im Demobeispiel der Drahtdurchmesser d mit der 4. Potenz, die Windungszahl n lediglich linear ein. Dementsprechend kann man beobachten, daß der Solver den Drahtdurchmesser stärker anpaßt als die Windungszahl, um schneller zum Ziel zu kommen, auch wenn das nicht immer sinnvoll ist.

In diesem Bereich müssen Sie Ihre eigenen Erfahrungen machen, zumal die zur Lösung verwendeten Algorithmen nicht beschrieben sind.

Einige Einstellmöglichkeiten des Solvers sollen im folgenden noch etwas näher erläutert werden.

Drücken Sie zunächst im Dialogfeld „Solver-Parameter" die Schaltfläche „Optionen...". Daraufhin wir das Dialogfeld „Optionen" eingeblendet.

Um zu verhindern, daß der Solver zu lange mit dem Lösen eines Problems beschäftigt ist, welches er vielleicht auch gar nicht lösen kann, dienen die Einstellungen „Höchstzeit" und „Iterationen". Die „Genauigkeit" und die „Toleranz", mit der das Problem gelöst werden soll, können Sie zusätzlich festlegen. Desweiteren können Sie in der unteren Hälfte des Dialogfeldes zwischen unterschiedlichen Lösungsverfahren wählen. Aus den Einstellmöglichkeiten kann man ersehen, daß der Solver bei der Lösungssuche entweder das Newton'sche- oder das Gradientenverfahren mit unterschiedlichen Vorgehensweisen verwenden kann. Dem Excelhandbuch ist zu entnehmen, daß die Standardeinstellungen für nahezu alle Problemlösungen ausreichend sind. Erproben Sie die Möglichkeiten!

Weitere Informationen in Excel 5.0

- Benutzerhandbuch Teil 6, Kapitel 29: Verwenden des Solvers zur Analyse von Problemen mit mehreren Variablen.

- Hilfe-Funktion „Suchen", Stichwort: Solver, Thema: Übersicht über das Arbeiten mit dem Microsoft Excel-Solver.

- Beispiele und Demos, Stichwort: Durchführen einer Was-wäre-wenn-Analyse, Thema: Verwenden von Solver zum Analysieren von Problemen mit mehreren Variablen.

11

Erweiterte Diagrammfunktionen

11.1   Trendlinien

In der Technik werden Diagramme zu Versuchsauswertungen herangezogen. Meist werden Trendlinien einfügt um den Zusammenhang von verschiedenen Einflußgrößen zu erfassen. So lassen sich aus Versuchsreihen über Trendlinien Formeln für Zusammenhänge entwickeln.

Excel bietet Ihnen die Möglichkeit, solche Trendlinien anzuzeigen und auch die dazugehörige Funktionsgleichung einzublenden. Auf den nächsten Seiten soll Ihnen gezeigt werden, wie Sie diese erweiterten Diagrammfunktionen nutzen können.

Als Datenbasis für die Diagramme sollen Sie die Drahtdurchmesser d und die maximale Zugfestigkeitswerte R_m der Drahtsorte „C" dienen. Wechseln Sie daher zunächst in der Federberechnungsmappe in die Tabelle „Federdaten C".

Erstellen Sie zunächst ein eingebettetes Diagramm vom Typ „Punkten" aus dem Datenbereich A17:C23. (Die Spalten B bis E sind noch ausgeblendet).Die Einstellungen für die folgenden Schritte des Diagrammassistenten entnehmen Sie den angeführten Bilder 11-1 ÷ 4.

Bild 11-1:
Diagrammassistent Schritt 1

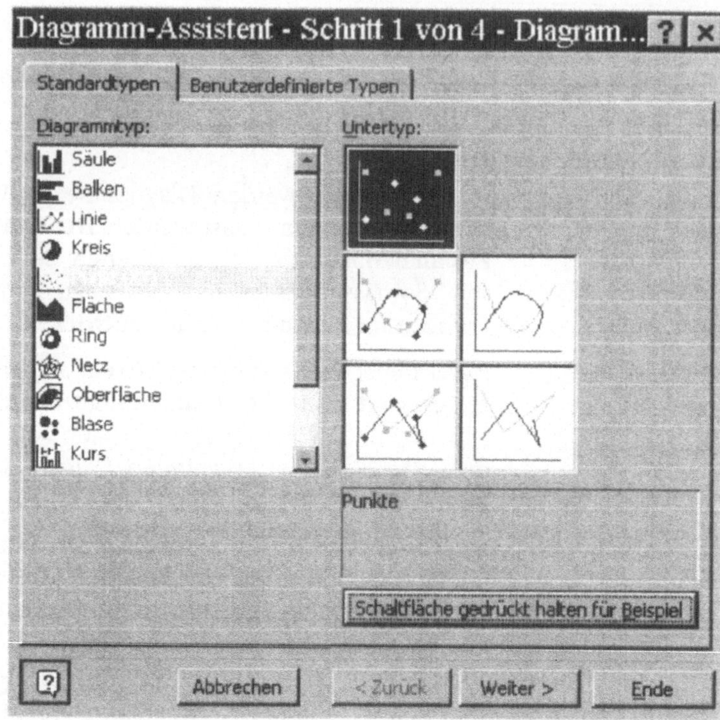

Bild 11-2:
Diagrammassi-
stent Schritt 2

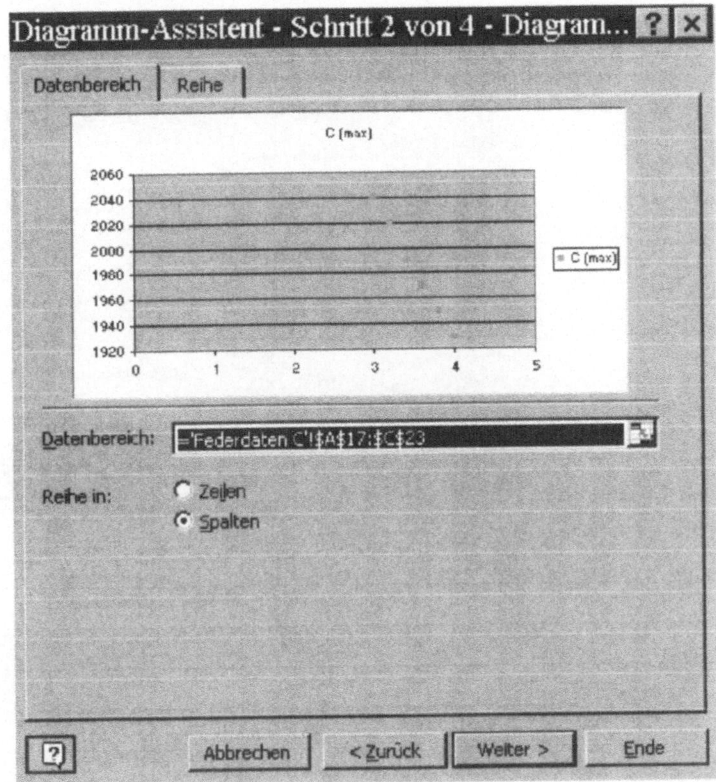

Bild 11-3:
Diagrammassistent Schritt 3

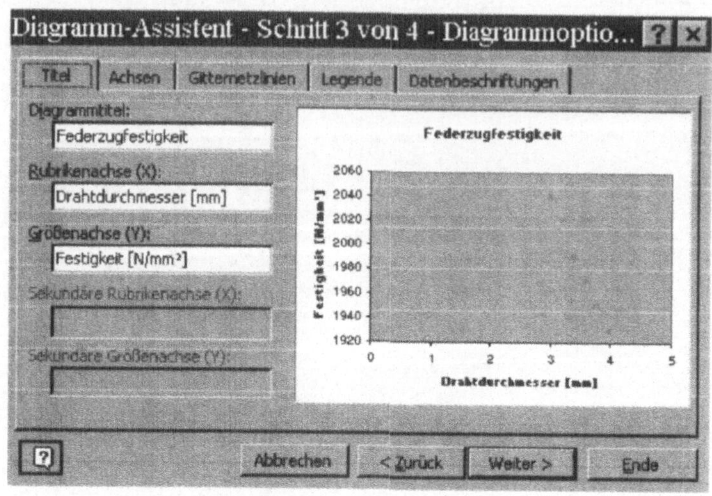

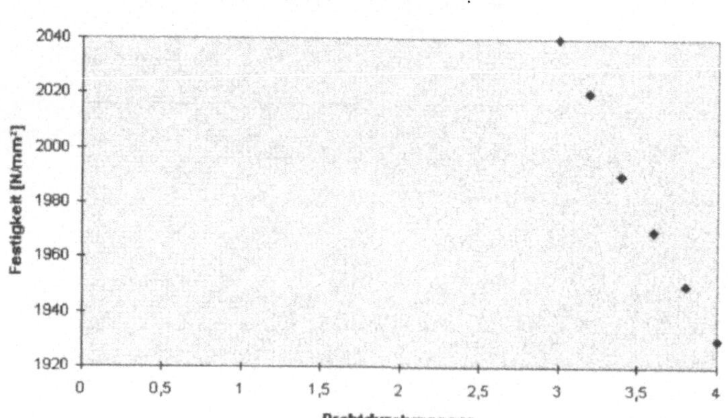

Bild 11-4:
Diagramm Federzugfestigkeit

Um eine Trendlinie, bzw. eine Näherungsfunktionslinie, in das Diagramm einzutragen, klicken Sie einen Datenpunkt an und wählen im Menü „Diagramm" den Menüpunkt „Trendlinie hinzufügen..." oder kilcken mit der rechten Maustaste einen Datenpunkt an und wählen dieselbe Funktion aus dem Kontextmenü.

Im daraufhin erscheinenden Dialogfeld „Trendlinie" (Bild 11-5) können Sie im Register „Typ" den Trend- bzw. Regressionstyp auswählen. Belassen Sie hier die Einstellung zunächst bei „Linear". Klicken Sie auf das Register „Optionen", um weitere Einstellungen für die Trendlinie festzulegen.

Bild 11-5:
Dialogfeld
Trendlinie (Typ)

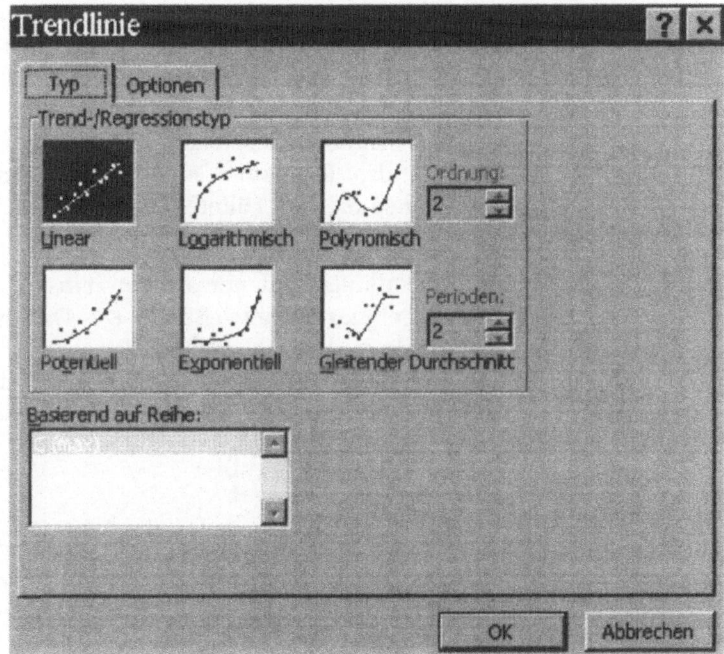

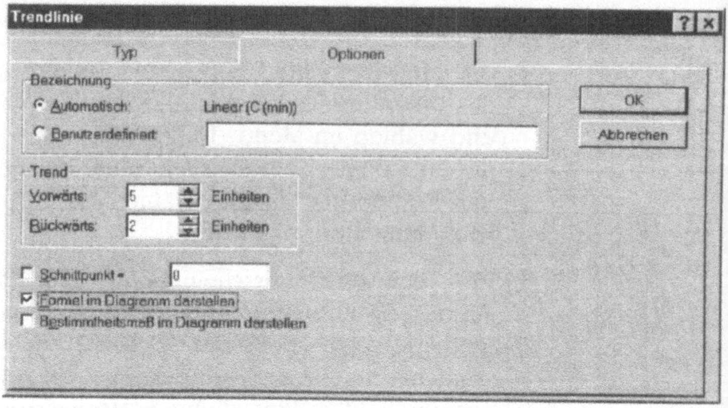

Bild 11-6:
Dialogfeld
Trennlinie

Nehmen Sie die Einstellungen gemäß Bild 11-6 vor. Mit „Trend Vorwärts/Rückwärts" geben Sie an, um wieviel Einheiten die Trendlinie über den Wertebereich des Diagramms hinaus gehen soll. Der Bereich ist bewußt so groß gewählt, um die Darstellung deutlicher zu machen. Der Schalter „Formel im Diagramm darstellen" blendet die Formel der Trendlinie in das Diagramm ein. Weitere Einstellmöglichkeiten entnehmen Sie den Hilfetexten. Schließen Sie das Dialogfeld mit „OK".

Die Trendlinie wird gemäß den Einstellungen in das Diagramm eingezeichnet (Bild 11-8). Da die Gleichung der Trendlinie zu nah an der Trendlinie liegt, sollen Sie sie verschieben. Dazu Klicken Sie einmal auf die Gleichung. Ein Rahmen wird um die Gleichung gelegt (Bild 11-7).

Bild 11-7:
Markierte Trendgleichung

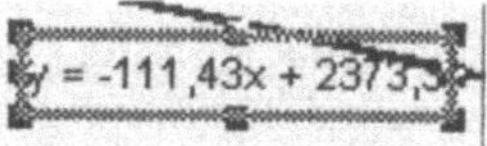

Bewegen Sie den Mauszeiger auf den Rand des Rahmens um die Gleichung. Während Sie die linke Maustaste gedrückt halten, verschieben Sie die Gleichung an eine gut einsehbare Stelle (Bild 11-8).

Bild 11-8:
Diagramm mit
linearer Trendli-
nie

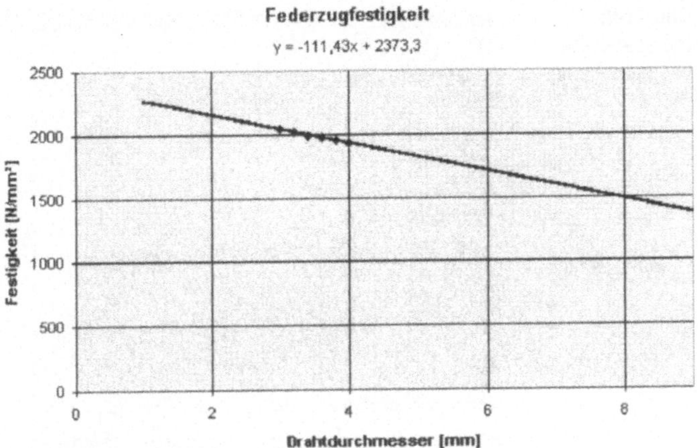

Weitere Informationen in Excel 5.0

- Benutzerhandbuch Teil 3, Kapitel 19: Verwenden von Diagrammen zur Datenanalyse.

- Hilfe-Funktion „Suchen", Stichwort: Trendlinien, Thema: Übersicht über das Einfügen von Trendlinien in Datenreihen.

- Beispiele und Demos, Stichwort: Verwenden von Diagrammen zur Datenanalyse, Thema: Hinzufügen von Trendlinien.

11.2   Formatieren und Verändern

Um die X-Achse so zu formatieren, wie in Bild 11-8, müssen Sie mit der linken Maustaste auf ein Skalenwert der X-Achse oder die Achse selbst doppelklicken oder mit der rechten Maustaste anklicken und aus dem Kontextmenü den Punkt „Achse formatieren" auswählen. Das Dialogfeld „Achsen formatieren" (Bild 11-9) erscheint.

Bild 11-9:
Dialogfeld Achsen formatieren

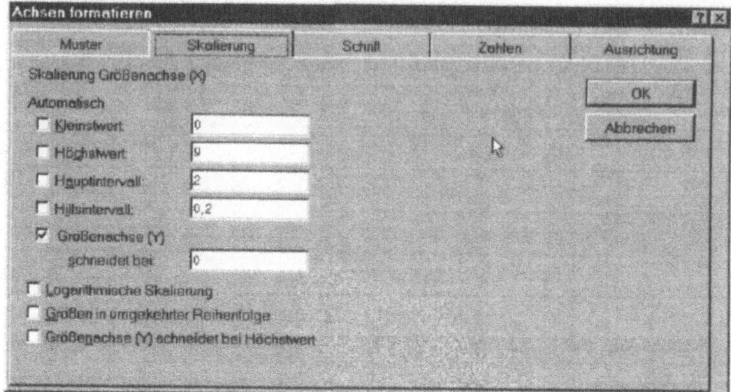

Stellen Sie dort im Register „Skalierung" folgendes unter „Hauptintervall" ein:

Eingabe

2

Schließen Sie anschließend das Dialogfeld, wird die X-Achse umformatiert.

Um den Typ der Trendlinie zu verändern, können Sie das Kontextmenü zur Trendlinie aufrufen (rechte Maustaste über Trendlinie drücken). Wählen Sie dort den Eintrag „Trendlinie formatieren..." aus, erscheint das Dialogfeld „Trendlinie formatieren". Dieses Dialogfeld ist wie das Dialogfeld „Trendlinie" aus Bild 11-6 aufgebaut, enthält aber zusätzlich das Register „Muster" mit dem Sie das Aussehen der Trendlinie beeinflussen können. Wählen Sie unter dem Register „Typ" einen logarithmischen Trend aus und schließen das Dialogfeld anschließend mit „OK". Die Trendlinie wird entsprechend verändert.

Wollen Sie zusätzlich Gitternetzlinien einblenden, können Sie zum einen im Kontextmenü der Diagrammfläche das Register „Gitternetzlinien" im Menü „Diagramm-Optionen" auswählen. Zum anderen besteht die Möglichkeit Gitternetzlinien einzublenden, indem Sie im Menü „Diagramm" den Menüpunkt „Diagramm-Optionen" anwählen. In beiden Fällen erscheint das Dialogfeld „Diagramm-Optionen" mit dem Register „Gitternetzlinien". (Bild 11-10).

Bild 11-10:
Dialogfeld Gitternetzlinien

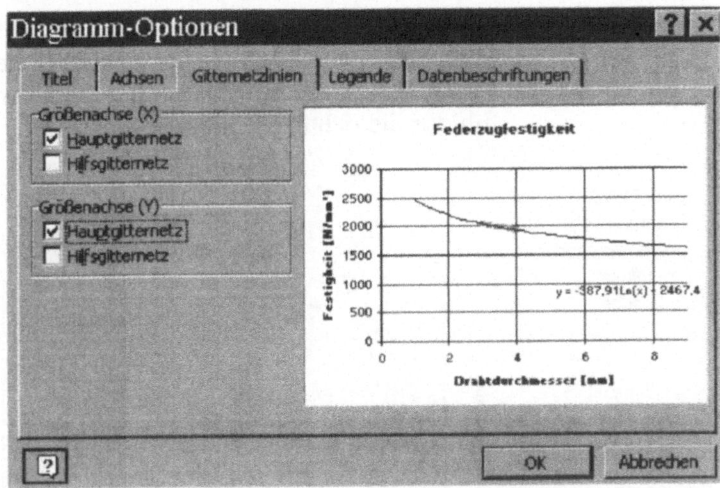

Schalten Sie zunächst einmal das Hauptgitternetz für beide Achsen ein. Das Ergebnis sehen Sie in Bild 11-11.

Bild 11-11:
Logarithmische Trendlinie mit Gitternetz

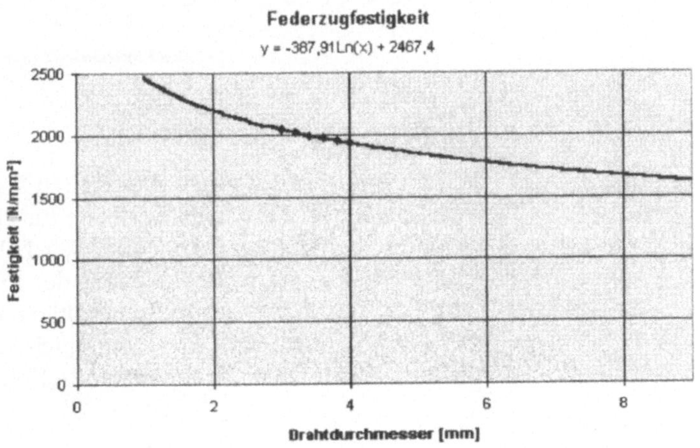

Wie Sie sehen, haben wir die Formel unter die Überschrift gesetzt, da Sie im Gitternetz teilweise überschrieben wurde.

Probieren Sie nun einmal, selbst eine Trendlinie mit einem Polynom 2. Grades zu erstellen. Das Ergebnis sehen Sie in Bild 11-12. Durch Ausprobieren bekommen Sie damit ein Gefühl für die richtige Trendlinie.

Bild 11-12:
Diagramm mit
polynomischer
Trendlinie
2. Grades

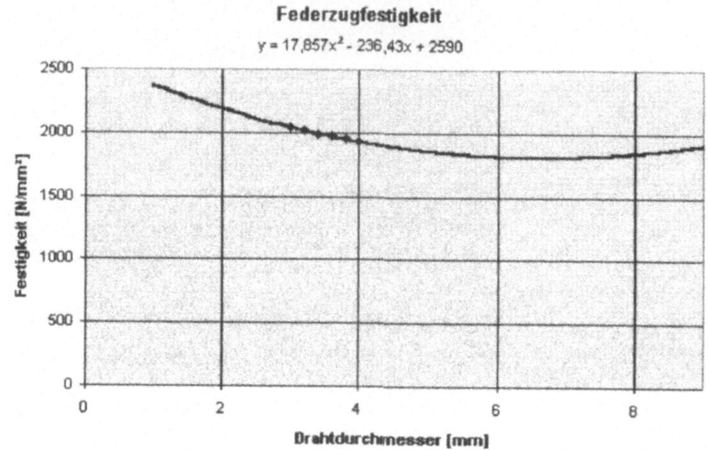

Anmerkung

Selbstverständlich ist es verwerflich, aus einem Wertebereich von 3 bis 4 mm auf Festigkeitswerte für einen Gesamtbereich zwischen 1 und 10 zu schließen. Wir haben trotzdem einen so großen Bereich gewählt, damit der Einfluß der Veränderung der Trendlinie besonders deutlich wird. So sehen Sie, daß der Polynomansatz hier untauglich ist, während der logarithmische Trend wohl am besten treffen könnte.

11.3   Fehlerbereich anzeigen

Eine weitere Funktion im Bereich Diagramme ist das Einzeichnen von Fehlerindikatoren. Um diese zu erstellen, klikken Sie im Diagramm einen Datenpunkt an. Anschließend wählen Sie im Kontextmenü „Datenreihen formatieren" aus.

Bild 11-13:
Dialogbox Datenreihen formatieren

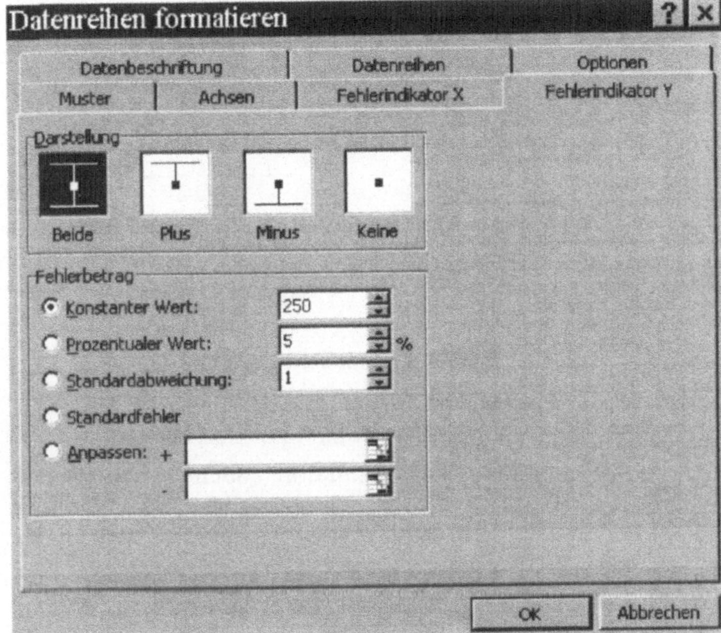

In der Dialog-Box „Datenreihen formatieren stellen Sie im Register „Fehlerindikator X" „Keine", im Register „Fehlerindikator Y" „Beide" ein. Im Feld „Fehlerbetrag" haben Sie weitere Einstellmöglichkeiten. Schließen Sie anschließend das Dialogfeld mit „OK". Das Ergebnis zeigt Bild 11-14, hier in Verbindung mit einer exponentiellen Trendlinie.

Bild 11-14:
Diagramm mit
Fehlerindikatoren

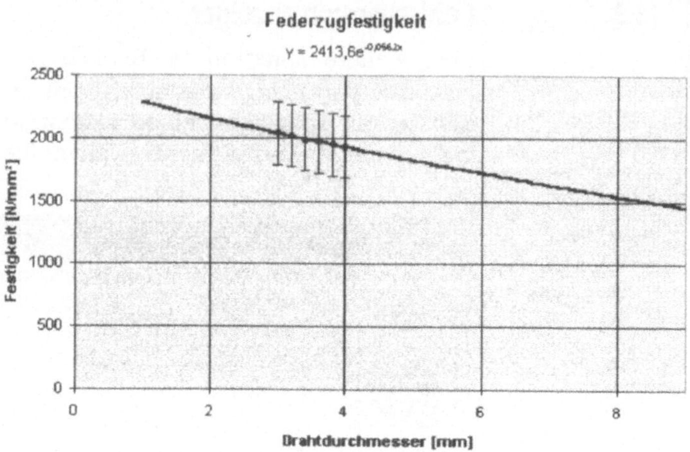

Weitere Informationen in Excel 5.0

- Benutzerhandbuch Teil 3, Kapitel 19: Verwenden von Diagrammen zur Datenanalyse.

- Hilfe-Funktion „Suchen", Stichwort: Fehlerindikatoren, Thema: Übersicht über das Eintragen von Fehlerindikatoren in Datenreihen.

- Beispiele und Demos, Stichwort: Verwenden von Diagrammen zur Datenanalyse, Thema: Hinzufügen von Fehlerindikatoren in einem Diagramm.

11.4 Text im Diagramm

Um Textergänzungen im Diagramm vorzunehmen, können Sie durch nebenstehendes Symbol ein Textfeld einfügen. Nachdem Sie das Symbol aus der „Zeichen"-Symbolleiste gedrückt haben, wird der Mauszeiger zu einem kleinen Kreuz. Halten Sie die linke Maustaste gedrückt, um ein Fenster für das Textfeld aufzuziehen. Anschließend können Sie Text eingeben. Sind Sie damit fertig, klicken Sie in einen Bereich außerhalb des Textfeldes, um die Eingabe abzuschließen. Wollen Sie, daß z.B. die Gitternetzlinien den Text nicht schneiden, klicken Sie in das Textfeld, um den schraffierten Rand sichtbar zu machen. Mit einem Doppelklick auf diesen Rand öffnen Sie das Dialogfeld „Textfeld formatieren". Im Register „Farben und Linien" können Sie jetzt die nötigen Einstellungen wählen. Ist die Zeichenfläche weiß, wählen Sie Füllbereich „weiß".

Ebenso können Sie Grafikobjekte, zum Beispiel einen Pfeil, in das Diagramm einfügen. Mehr dazu in Kapitel 12.4 „Zeichnen in Excel"!

Bild 11-15:
Diagramm mit Text und Grafikobjekt

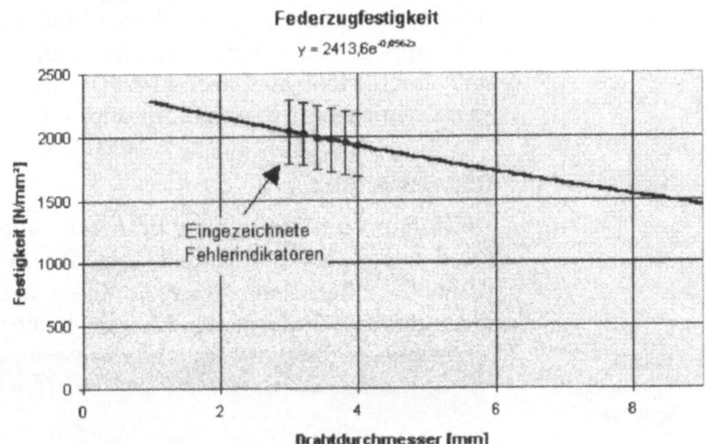

12 Allgemeine Excel-Funktionen

In diesem Kapitel wollen wir Ihnen einige allgemeine Funktionen von Excel vorstellen. Es sind Funktionen, die Sie unbedingt benötigen wie „Beenden", „Laden einer Datei", „Neue Datei beginnen" (Funktionen, wie Sie sie sicher schon von anderen Windowsprogrammen kennen) aber auch eine kleine Auswahl von nützlichen Hilfen als Anregung. Gerade hier appellieren wir aber an Ihren Entdeckerdrang; denn es gibt noch Vieles in Excel zu entdecken, was wir im Rahmen dieses Buches nicht abhandeln können.

12.1 Excel beenden

Nachdem Sie Ihre Berechnungen abgeschlossen haben, wollen Sie sicherlich Excel verlassen. Mit dem Menüpunkt „Datei" - „Beenden" gelangen Sie wieder zum Programm-Manager in Windows. Sie müssen nicht vor dem Beendigen

Bild 12-1:
Änderungen
speichern?

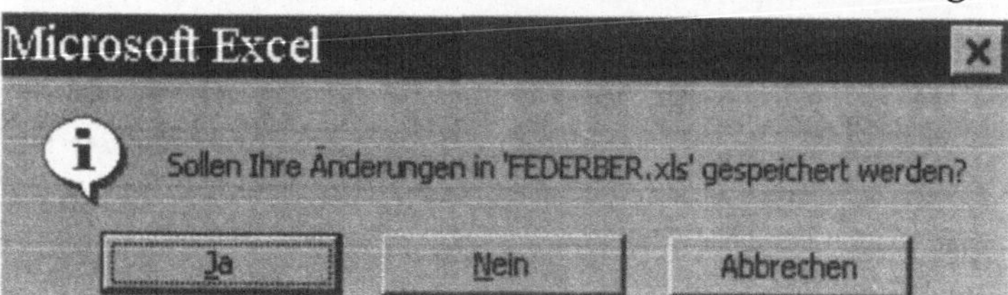

überprüfen, ob die aktuelle Exceldatei von Ihnen schon gesichert wurde. Excel stellt dies für Sie fest und gibt gegebenenfalls folgende Meldung aus:

Bestätigen Sie diese Warnung mit „JA", wird die Arbeitsmappe unter dem Namen gespeichert, unter dem Sie die Datei geladen oder zwischengespeichert haben. Haben Sie eine neue Datei erstellt und die Speicherfunktion noch nicht aufgerufen, wird Ihnen das Dialogfeld „Speichern unter" eingeblendet. Sie können dann einen Namen für Ihre Arbeitsmappe vergeben.

Die Schaltfläche „Nein" beendet Excel ohne die Datei zu speichern.

Sollten Sie versehentlich den Befehl „Beenden" ausgewählt haben aber noch an Ihrer Berechnung weitere Änderungen vornehmen, drücken Sie die Schaltfläche „Abbrechen".

Wie in jedem Dialogfeld finden Sie auch hier die Schaltfläche „Hilfe", mit der Sie zum Dialogfeld weitere Informationen abrufen können.

Anmerkung

Im Menü „Datei" befindet sich der Eintrag „Schließen". Mit diesem Befehl können Sie die aktuelle Arbeitsmappe beenden. Excel entfernt Ihre Arbeitsmappe aus dem Arbeitsspeicher, während das Programm Excel immer noch aktiviert ist. Sie können also mit Excel weiter arbeiten. Wurde die Datei vor dem Schließen-Befehl nicht zwischengespeichert, erscheint, ebenso wie beim Beenden von Excel, eine Sicherheitsabfrage (Bild 12-1).

Weitere Informationen in Excel 5.0

- Benutzerhandbuch Teil 1, Kapitel 1: Installieren und Starten von Microsoft Excel.

- Hilfefunktion „Suchen", Stichwort: Beenden von Microsoft Excel, Thema: Übersicht über das Starten und Beenden von Microsoft Excel.

12.2   Laden einer Arbeitsmappe

Sie starten Excel, wie Sie es bereits in Kapitel 3.1 „Installieren und Starten" kennenlernt haben. Zunächst präsentiert sich Excel mit einer leere Arbeitsmappe. Um die Federberechnung zu laden, wählen Sie im Menü „Datei" den Eintrag „Öffnen... Strg+O" aus oder klicken Sie auf das nebenstehende Symbol.

Bild 12-2:
Dialogfeld Öff-
nen

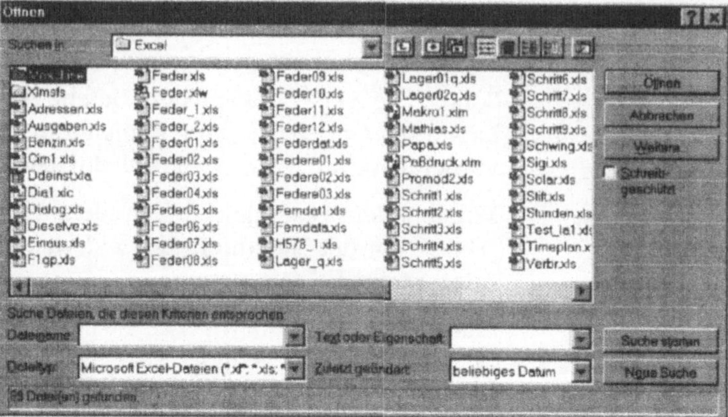

Das Dialogfeld „Öffnen" erscheint mit ähnlichem Inhalt, wie
in Bild 12-2 zu sehen. Da Dateityp „Microsoft Excel-Dateien"
eingestellt ist, erscheinen nur solche mit Endung .xl*! Sie
können im linken Dateinamen-Listenfeld einen Dateinamen
auswählen, indem Sie ihn einmal anklicken. Durch das
Drücken der „OK"-Taste wird die Datei geladen. Mit einem
Doppelklick wird die angeklickte Datei sofort geladen.

Anmerkung

Sie können auch eine Datei anhand der Liste der zuletzt bearbeiteten Dateien auswählen. Diese Liste befindet sich im
unteren drittel des Menüs „Datei". Wenn diese Liste nicht angezeigt wird, müssen Sie im Options-Dialogfeld unter dem
Register „Allgemein" im Menü „Extras" die Einstellung „Liste
der zuletzt geöffneten Dateien" aktivieren (Bild 12-3).

Bild 12-3:
Dialogfeld Op-
tionen

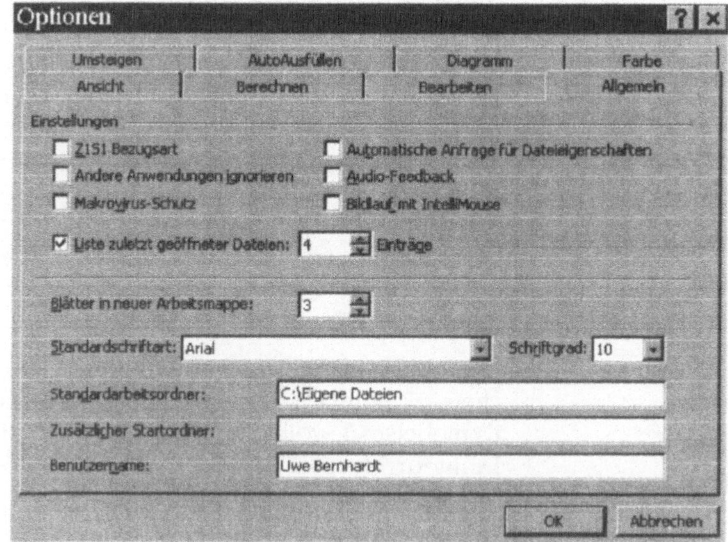

Weitere Informationen in Excel 5.0

- Benutzerhandbuch Teil 2, Kapitel 6: Verwalten von Arbeitsmappendateien.

- Hilfefunktion „Suchen", Stichwort: Öffnen von Arbeitsmappen, Thema: Übersicht über das Erstellen oder Öffnen von Arbeitsmappen.

12.3   Erstellen einer neuen Arbeitsmappe

Wenn Sie eine neue Datei geladen haben und wollen zusätzlich eine neue Berechnung erstellen, haben Sie zwei
Möglichkeiten. Die erste ist ganz einfach. Sie beenden Excel
und starten es gleich darauf wieder. Excel zeigt Ihnen ja immer nach dem Starten eine leere Arbeitsmappe an.

Der elegantere Weg ist sicherlich durch einen Klick auf nebenstehendes Symbol oder durch die Auswahl des Me-
nüpunktes „Neu   Strg+N" im Menü „Datei" eine leere Arbeitsmappe aufzurufen. Dabei ist es nicht nötig, die zuletzt
bearbeitete Datei mit dem Befehl „Schließen" aus dem Menü

„Datei" aus dem Arbeitsspeicher zu entfernen. Im Gegenteil
Sie können, wenn Sie mehrere Dateien im Arbeitsspeicher
haben über das Menü „Fenster" zwischen den verschiedenen
Berechnungen wechseln. Im Menü „Fenster" werden die
Dateinamen der geladenen Dateien angezeigt. Die zum Bearbeiten aktivierte Datei ist dabei mit einem „✓"-Zeichen gekennzeichnet. Gehen Sie jedoch mit der Anzahl der geladenen Dateien nicht zu großzügig um. Ihr Arbeitsspeicher ist
begrenzt und jede Datei benötigt darin ihren Platz.

12.4 Zeichnen in Excel

Excel bietet einige Zeichenfunktionen, die es Ihnen ermögli-
chen, ein Tabellenblatt attraktiver zu gestalten. Bei unserem
Demobeispiel wollen wir dazu die Zelle mit dem gewählten
Drahtdurchmesser besonders mit einem Pfeil kennzeichnen.

Rufen Sie dazu zunächst die „Variante 1" auf. Zum Zeichnen
eines Pfeils benötigen Sie als nächstes die Symbolleiste
„Zeichnen". Klicken Sie dazu auf nebenstehendes Symbol.

Bild 12-4:
Symbolleiste
Zeichnen

Um einen Pfeil zu zeichnen, klicken Sie auf nebenstehendes
Symbol in der Zeichnen-Symbolleiste. Der Mauszeiger ändert
seine Form zu einem kleinen Fadenkreuz. Bewegen Sie diesen Mauszeiger an die Position, der das Ende des Pfeils darstellen soll (Pfeilspitze zeigt von diesem Punkt weg). Halten
Sie dann die linke Maustaste gedrückt, während Sie den
Mauszeiger auf den Punkt bewegen, der die Spitze des Pfeils
markieren soll. Lassen Sie dort die Maustaste los. Der Pfeil
wird dann gezeichnet, etwa wie in Bild 12-5 zu sehen.

Bild 12-5:
Der Pfeil

	C	D	E
14	rauswahl		
15			
16	3,99		
17	4		

Mit den Editierkästchen an den Enden des Pfeils können Sie die Position des Pfeils nachträglich beeinflussen, wie Sie dies schon beim Verkleinern des eingebetteten Diagramms gemacht haben.

Um dem Pfeil etwas mehr hervorzuheben, bewegen Sie den Mauszeiger auf den Pfeil, so daß sich dessen Form zu dem „normalen" Mauszeiger, wie Sie ihn aus jeder anderen Windowsanwendung her kennen, ändert. Klicken Sie dort mit der rechten Maustaste um das Kontextmenü für Objekte zu bekommen. Wählen Sie dort den Eintrag „AutoForm formatieren" aus.

Das Dialogfeld „AutoForm formatieren" wird aufgerufen.

Anmerkung

Sie hätten das Dialogfeld „AutoForm formatieren" auch mit dem Eintrag „AutoForm Strg+1" im Menü „Format" oder mit der Tastenkombination Strg + 1 aufrufen können.

Bild 12-7:
Dialogbox Auto-
Form formatie-
ren

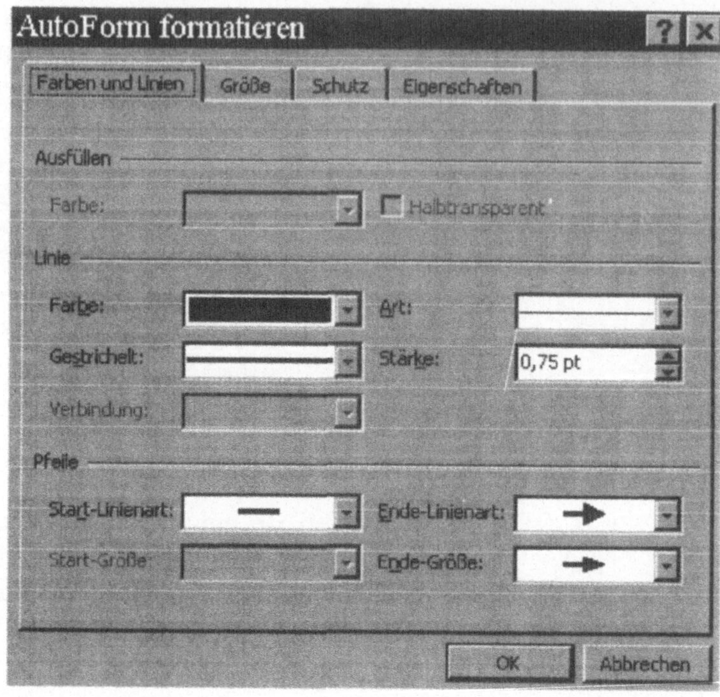

Klicken Sie auf das Feld „Stärke" und wählen Sie dort den letzten Eintrag aus, um den Pfeil möglichst breit darzustellen. Ändern Sie eventuell noch die Pfeilspitze. Schließen Sie das Dialogfeld mit „OK". Der Pfeil ist fertig.

Natürlich stehen Ihnen weitere Zeichenelemente zur Verfügung. Sie sind alle auf der Zeichnen-Symbolleiste zu finden. Probieren Sie sie einfach der Reihe nach aus. Die Bedeutung jedes einzelnen Symbols erfahren Sie auch hier, indem Sie mit dem Mauszeiger kurzzeitig auf dem entsprechenden Symbol verweilen.

Weitere Informationen in Excel 5.0

- Benutzerhandbuch Teil 2, Kapitel 13: Erstellen von Grafikobjekten in Tabellen und Diagrammen.

- Hilfefunktion „Suchen", Stichwort: Grafikobjekte, zeichnen, Thema: Übersicht über das Zeichnen von Linien, Pfeilen, Rechtecken, Ellipsen und Bögen.

- Beispiele und Demos, Stichwort: Erstellen von Grafikobjekten, Thema: Erstellen von Grafikobjekten in Tabellen und Diagrammen.

12.5   Numerieren einfach gemacht

Legen Sie sich eine Wertetabelle an, um einen Versuch auszuwerten, kann es hilfreich sein, die einzelnen Wertepaare fortlaufend zu numerieren

Für eine solche Routinearbeit gibt es in Excel die Funktion „Reihe berechnen". Um Ihnen diese Funktion näher zu bringen, sollen Sie für das Demobeispiel die Liste der Drahtdurchmesser mit einer fortlaufenden Numerierung versehen. Doch bevor Sie die Funktion aufrufen, müssen Sie das Tabellenblatt „Federkennwerte" aktivieren. Da die Drahtdurchmesser in der ersten Spalte A stehen, fügen Sie zunächst vor Spalte A eine neue Spalte ein. Setzten Sie dazu den Zellzeiger in den Spaltenkopf der ersten Spalte. Wählen Sie anschließend im Kontextmenü (rechte Maustaste) den Menüpunkt „Zellen einfügen" aus. Alle Zellinhalte werden um eine Spalte nach rechts verschoben.

Um nun die Numerierung einzuleiten, muß zuerst ein Startwert festgelegt werden. Geben Sie hierzu in Zelle A18 ein:

Eingabe   **Zelle A18; 1**

Daraufhin markieren Sie den Bereich, in den die Numerierung eingefügt werden soll. Da nur sechs Durchmesser erfaßt wurden, müssen Sie den Bereich A18:A23 markieren. Um die Numerierung zu starten, wählen Sie den Eintrag „Ausfüllen" - „Reihe" im Menü „Bearbeiten" aus.

Bild 12-8:
Dialogfeld Reihe

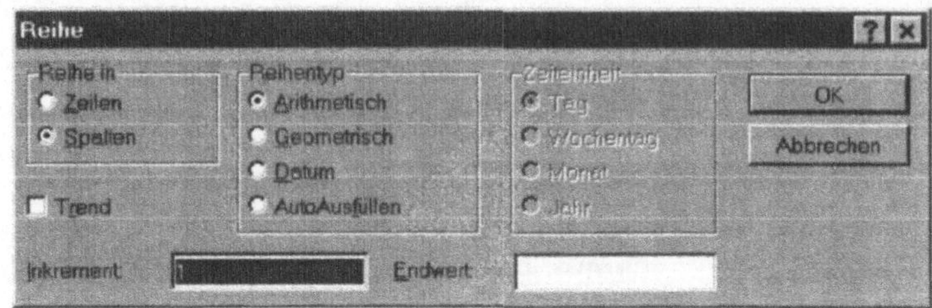

Im Dialogfeld „Reihe" (Bild 12-8) können Sie Einstellungen für das Numerieren einstellen. Unter „Reihe in" ist „Spalten" voreingestellt, da der zuvor markierte Bereich eine Spalte ist. Als Reihentyp lassen Sie „Arithmetisch" eingestellt um Zahlen arithmetisch mit der Schrittweite, der in „Inkrement" mit „1" festgelegt wird, aufzuaddieren.

Hinweis

Hätten Sie zuvor nicht den Bereich markiert, für den die Reihe berechnet werden soll, müßten Sie „Reihe in" selbst einstellen. Desweiteren muß dann ein Endwert angegeben werden, im Demobeispiel wäre dies der Wert 6.

Schließen Sie die Dialogbox mit „OK" und Sie werden das Ergebnis erhalten, wie es in Bild 12-9 zu sehen ist.

Bild 12-9:
Ergebnis der
Numerierung

	A	B
17		Durchmesser
18	1	3
19	2	3,2
20	3	3,4
21	4	3,6
22	5	3,8
23	6	4

Diese Funktion können Sie auch noch in anderen Zusammenhängen verwenden. In Kapitel 10.1 „Einfluß einer Variablen: Mehrfachoperation" haben Sie 2 Werte für den Außendurchmesser eingeben und durch Ziehen mit der Maus eine Wertetabelle erstellt. Wollen Sie den Ausfüllmodus gezielt beeinflussen, verwenden Sie besser diese Funktion. So können Sie zum Beispiel eine Reihe erzeugen, bei der der Stufensprung, d. h. der Multiplikator für den Schritt von einer Stufe zur nächsten, konstant ist. Das erreichen Sie mit dem Schalter „Reihentyp geometrisch" und dem Eintrag des Stufensprungs in „Inkrement".

Weitere Informationen in Excel 5.0

- Benutzerhandbuch Teil 2, Kapitel 9: Eingeben von Daten.

- Hilfefunktion „Suchen", Stichwort: Reihen, Thema: Reihen (Menü Bearbeiten, Untermenü Ausfüllen).

12.6 Sortieren von Federkennwerten

Wenn Sie in Ihre Datenbank einen Drahtdurchmesser aufnehmen, wird dieser am Ende der Datenliste hinzugefügt. Um den besseren Überblick über Ihren Datenbestand zu haben, können Sie die Daten sortieren lassen.

Um Ihnen die Funktion Sortieren zu zeigen, aktivieren Sie das Federdatenblatt. Fügen Sie zu den Drahtdurchmessern 3 bis 4 mm einen kleineren Durchmesser hinzu (z.B. 2,8 mm). Sie können dazu die Maske verwenden, die Sie als Menüpunkt unter „Daten" finden. Sollten Sie schon alle Durchmesser eingegeben haben, „erfinden" Sie einfach einen neuen Durchmesser. Die Zugfestigkeitswerte geben Sie ebenfalls ein.

Anmerkung

Haben Sie zuvor in Spalte A der „Federdaten" eine Numerierung eingefügt, wird dieses Feld zur Datenbank hinzugefügt. Sie erhalten damit in der Datenmaske ein zusätzliches Feld. Ebenso werden ausgeblendete Spalten nicht in der Datenmaske angezeigt. Um die Datenmaske mit den ursprünglichen Datenfeldern anzeigen zu lassen, markieren Sie, bevor Sie die Datenmaske aufrufen, den Bereich der Daten, die in der Datenmaske angezeigt werden sollen (A17:E23). Rufen Sie dann die Datenmaske auf, erscheint sie wie im Kapitel 5.2 „Eintragen von Federkennwerten mit Datenbankfunktionen".

Nach der Eingabe der Werte erscheint der neue Datensatz in der letzten Zeile der Datenbank. Heben Sie die Blockmarkierung der Datenbank auf, indem Sie den Zellzeiger bewegen. Setzten Sie den Zellzeiger, wenn noch nicht geschehen, an eine beliebige Stelle im Datenbereich (z.B. Zelle E22). Rufen Sie dann den Eintrag „Sortieren..." im Menü „Daten" auf. Es erscheint das Dialogfeld „Sortieren" (Bild 12-10).

Bild 12-10:
Dialogfeld Sortieren

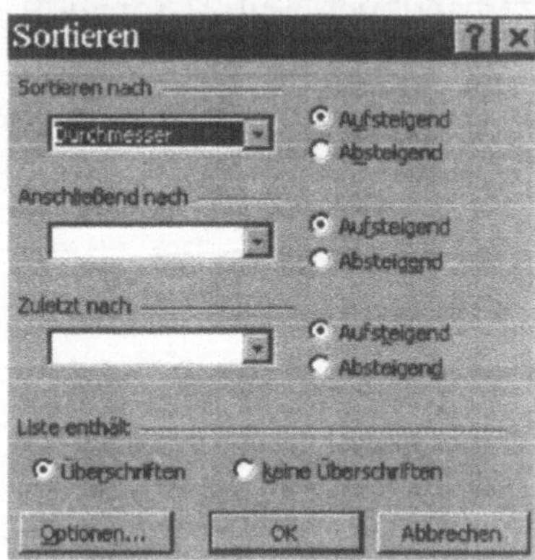

Im Feld „Sortieren nach" können Sie einstellen, nach welchen Spalten Excel Ihre Daten sortieren soll. Ebenso legen Sie fest, ob aufsteigend oder absteigend sortiert werden soll.

In den beiden Gruppen „Anschließend nach" können Sie zusätzliche Sortierebenen angeben. Die Sortierung wird zunächst nach den Einstellungen in „Sortieren nach" durchgeführt. Fallen bei dieser Sortierung gleiche Daten an, sortiert Excel nach den Kriterien der nachfolgenden Gruppe „Anschließend nach". Sind auch hier gleiche Daten zu finden, wird die letzte „Anschließend nach"-Einstellung zur Sortierung herangezogen.

Drücken Sie die Schaltfläche „Optionen", können Sie weitere Einstellungen des Sortierens beeinflussen (Bild 12-11).

Bild 12-11:
Dialogfeld Sor-
tieren-Optionen

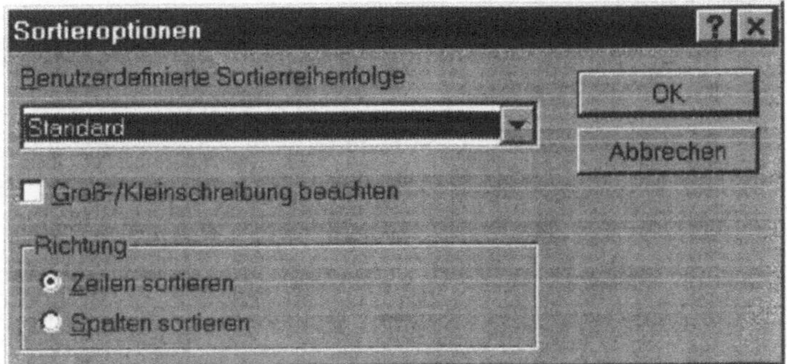

In „Benutzerdefinierte Sortierreihenfolge" können Sie aus verschiedenen Sortierreihenfolgen auswählen. Die Einstellung „Standard" sortiert in alphabetischer Reihenfolge, wobei Zahlen gemäß ihrer Wertigkeit noch vor den Buchstaben sortiert werden. Wenn Ihnen die aufgelisteten Sortierreihenfolgen nicht ausreichen, können Sie im Menü „Extras" mit dem Eintrag „Optionen" das Options-Dialogfeld aufrufen. Dort ist im Register „AutoAusfüllen" die benutzerdefinierte Sortierreihenfolgeliste gespeichert (Bild 12-12).

Bild 12-12:
Dialogfeld Op-
tionen

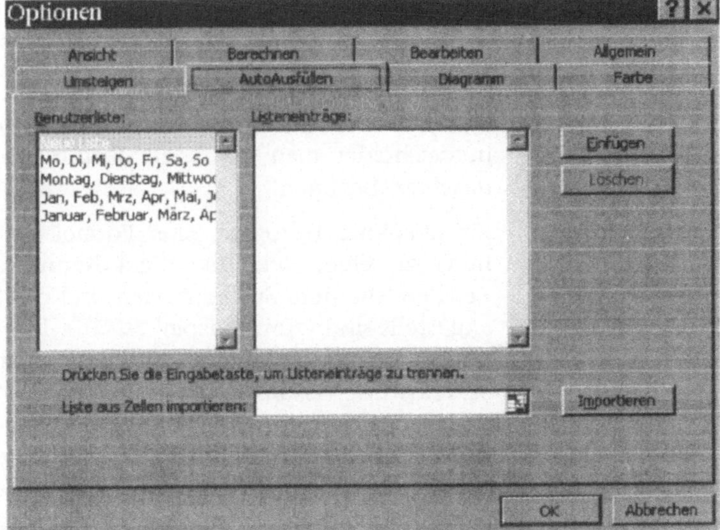

Sie könnten weitere Reihenfolgen festlegen.

Bei den Sortieroptionen stellen Sie unter „Richtung" ein, ob die Sortierung spalten- oder zeilenweise durchgeführt werden soll.

Da Sie die Datenbank nach dem Drahtdurchmesser sortieren wollen, stellen Sie diesen ein, wie in Bild 12-10 zu sehen. Starten Sie die Sortierung mit „OK".

Der neue Drahtdurchmesser wird in die Auflistung eingereiht. Da Sie auch die laufende Nummer in das erste Feld geschrieben haben, wird natürlich entsprechende dem Sortierkriterium „Durchmesser" sortiert und die laufende Numerierung einfach mitgenommen. Mit der Sortierfunktion müssen Sie also die Spalte noch nacharbeiten.

Weitere Informationen in Excel 5.0

- Benutzerhandbuch Teil 4, Kapitel 21: Sortieren und Filtern von Daten in einer Liste.

- Hilfefunktion „Suchen", Stichwort: Sortieren von Listen, Thema: Übersicht über das Sortieren einer Liste.

- Beispiele und Demos, Stichwort: Organisieren von Daten in einer Liste, Thema: Sortieren einer Liste.

12.7 Bezüge

Bezüge stellen Beziehungen zwischen Zellen her. In Excel unterscheidet man zwischen absoluten, relativen und gemischten Bezügen.

Absoluter Bezug

Ein absoluter Bezug in einer Formel stellt eine feste Beziehung zu einer Zelle her. Sein Kennzeichen sind die „$"-Zeichen, die dem Spaltennamen und der Zeilennummer vorangestellt sind (zum Beispiel $C$10). In einigen Sonderfunktionen (Solver, Diagrammassistent,...) haben Sie diese Zellschreibweise bestimmt schon einmal gesehen. Wenn Sie diese Schreibweise in einer Formel verwenden, werden Sie zunächst keinen Unterschied zur „normalen" (relativen) Bezugsart feststellen. Erst beim Kopieren der Formeln in eine andere Zelle werden Sie eine Veränderung bemerken. Beim absoluten Bezug wird nämlich die Zelladresse fixiert und nicht mitkopiert.

Dazu ein Beispiel:

In der Zelle A8 soll der Wert 10, in Zelle A9 der Wert 12 stehen. Die Zelle A10 enthält die Formel =$A$8*A9. Kopieren Sie die Zelle A10 nach B10 und schauen Sie sich dort die Formel an. Sie sieht jetzt so aus: =$A$8*B9. Was ist passiert? Excel hat festgestellt, daß Sie die Zelle A10 um eine Spalte nach rechts kopiert haben. Der absolute Bezug $A$8 ist beim Kopieren festgehalten worden. Der relative Bezug A9 dagegen ist um den Betrag des Kopierens (eine Spalte nach rechts) angepaßt worden (B9).

Ein absoluter Bezug wird meist dann verwendet, wenn sich Formeln auf eine Zelle beziehen sollen, zum Beispiel bei einer Umrechnungstabelle. Dort können Sie den Umrechnungsfaktor in eine Zelle eingeben. Mit der Funktion Reihe legen Sie sich eine Spalte von Umrechnungswerten an. Daneben geben Sie die Umrechnungsformel ein, wobei der Umrechnungswert als relativer Bezug, der Umrechnungsfaktor als absoluter Bezug festgelegt wird. Kopieren Sie die Formel in den Bereich der Umrechnungswerte, wird der Bezug auf die Umrechnungswerte angepaßt, die Zelladresse des Umrechnungsfaktors wird jedoch festgehalten.

Relativer Bezug

Der relative Bezug steht gegensätzlich zum absoluten Bezug. Er wird beim Kopieren angepaßt.

Gemischter Bezug

Gemischte Bezüge sind zusammengesetzte relative und absolute Bezüge. Ein gemischter Bezug wird durch ein „$"-Zeichen markiert. Steht das „$"-Zeichen vor dem Spaltennamen, zum Beispiel $C10, so ist der Spaltenbezug absolut, der Zeilenbezug relativ. Bei der zweiten Art des gemischten Bezugs ist der Spaltenbezug relativ und der Zeilenbezug absolut, zum Beispiel C$10. Beim Kopieren wird jeweils der absolute Bezug festgehalten, der relative variiert.

<table>
<tr><td>

**Bezug auf ein
anders Blatt**

</td><td>

Wollen Sie sich in einer Formel auf eine Zelle eines anderen Tabellenblatts beziehen, müssen Sie den Namen des Tabellenblatts angeben. Der Blattname wird mit einem „!"-Zeichen vom Zellbezug getrennt. Wollen Sie zum Beispiel ein Zellbezug zur Zelle C10 der Tabelle „Variante 1" in Zelle A10 der Tabelle „Berechnung" herstellen, so müssen Sie in A10 eingeben: =VARIANTE 1!C10. Wenn Sie die gewünschte Zelle nach Schreiben des Gleichheitszeichens anklicken, wird Sie automatisch so eingetragen.

</td></tr>
</table>

Anmerkung

Weist der Tabellenblattnamen Leerzeichen auf, müssen Sie den Blattnamen in Hochkommas setzen, sonst nicht! Stellen Sie den Bezug mit der Maus her (in Zelle A10 ein „="-Zeichen eingeben und dann die Zelle C10 in „Variante 1" anklicken), wird der Blattname eingefügt und automatisch in Hochkomma gesetzt.

<table>
<tr><td>

Externer Bezug

</td><td>

Wollen Sie einen Bezug zu einer Tabelle einer anderen Arbeitsmappe herstellen, müssen Sie einen externen Bezug einfügen. Soll zum Beispiel die Zelle A8 in der Tabelle „Druck 1" der Arbeitsmappe „Einheit", welche sich im Verzeichnis C:\DATEN\MASCHINE auf Ihrer Festplatte befindet, ein Bezug hergestellt werden, sieht die Formel wie folgt aus:

='C:\DATEN\MASCHINE\[EINHEIT.XLS]Druck 1!'A8

</td></tr>
</table>

Anmerkung

Die Pfadangabe der Arbeitsmappe muß nur dann erfolgen, wenn die Arbeitsmappe sich in einem anderen Verzeichnis befindet wie die Arbeitsmappe aus der der Bezug erstellt wird. Ebenso wie beim Bezug auf ein anderes Tabellenblatt muß der komplette Ausdruck Pfad, Name der Arbeitsmappe und Name der Tabelle in Hochkommas gesetzt werden, wenn der Tabellenname ein Leerzeichen enthält.

Weitere Informationen in Excel 5.0

- Benutzerhandbuch Teil 2, Kapitel 10: Erstellen von Formeln und Verknüpfungen.

- Hilfefunktion „Suchen", Stichwort: Formeln, Zellbezüge in, Thema: Überblick über das Verwenden von Bezügen.

- Beispiele und Demos, Stichwort: Erstellen von Formeln und Verknüpfungen, Thema: Verwenden von Bezügen.

12.8 Import von externen Dateien

Excel ist auch ideal dazu geeignet, Zahlenkolonnen, die in anderen Systemen entstanden sind, aufzubereiten und darzustellen. In diesem Kapitel möchten wir Ihnen zeigen, wie Sie Zahlenfolgen, die in einem Editor als txt – Datei (nicht als doc. – Datei) erzeugt wurden oder als Meßwerte in Form einer tab. - Datei zur Verfügung stehen, in Excel importiert und bearbeitet werden können.

Als Beispiel erstellen Sie in Word oder einem anderen Editor eine txt-Datei, die folgendermaßen aussehen könnte: Daten zum Experimentieren:

100 101 102 103 104 105 106 107 108 109 110 ...

Die Anzahl der Zahlen ist beliebig. Als Trennzeichen schlagen wir den Tabulator wegen der besseren Lesbarkeit vor. Sie können aber auch ein anderes Trennzeichen wie Leerzeichen, Komma, Semikolon usw. verwenden.

Speichern Sie die Datei als txt-Datei in einem Verzeichnis, in dem Sie auch Ihre bisherigen Excel-Übungen gespeichert haben, dann finden Sie sie am leichtesten wieder. Wenn Sie jetzt in Excel diese Datei öffnen, erscheint der Textassistent, wie im folgenden Bild 12-13 dargestellt.

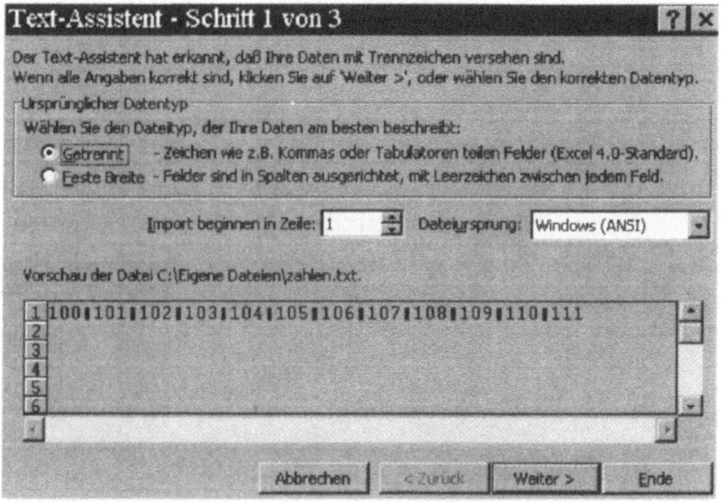

Bild 12-13:
Textassistent
Schritt 1

Text-Assistent - Schritt 1 von 3

Der Text-Assistent hat erkannt, daß Ihre Daten mit Trennzeichen versehen sind.
Wenn alle Angaben korrekt sind, klicken Sie auf 'Weiter >', oder wählen Sie den korrekten Datentyp.

Ursprünglicher Datentyp
Wählen Sie den Dateityp, der Ihre Daten am besten beschreibt:
- Getrennt   - Zeichen wie z.B. Kommas oder Tabulatoren teilen Felder (Excel 4.0-Standard).
- Feste Breite - Felder sind in Spalten ausgerichtet, mit Leerzeichen zwischen jedem Feld.

Import beginnen in Zeile: 1   Dateiursprung: Windows (ANSI)

Vorschau der Datei C:\Eigene Dateien\zahlen.txt.

1 100 101 102 103 104 105 106 107 108 109 110 111

Abbrechen   < Zurück   Weiter >   Ende

Wählen Sie die Einstellungen wie dargestellt und klicken auf
die Schaltfläche „weiter". Es erscheit der Textassistent Schritt
2, in dem Sie die Art der Trennungszeichen einstellen können. In unserem Fall wurde der Tabulator gewählt. Also muß
die Einstellung so aussehen, wie im Bild 12-14.

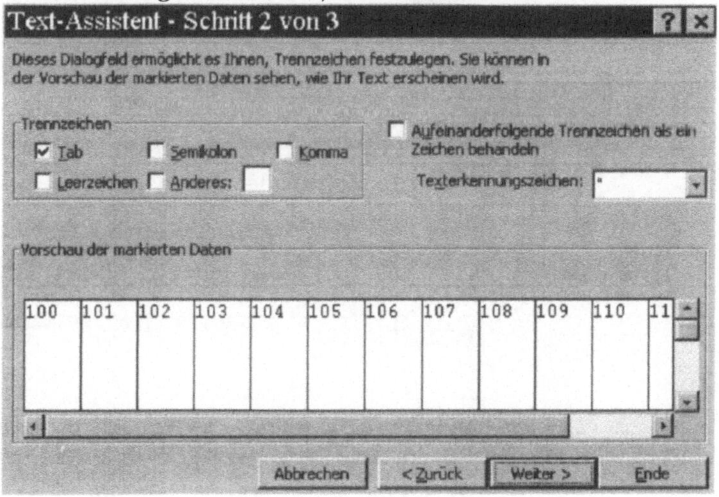

Bild 12-14:
Textassistent
Schritt 2

Text-Assistent - Schritt 2 von 3

Dieses Dialogfeld ermöglicht es Ihnen, Trennzeichen festzulegen. Sie können in
der Vorschau der markierten Daten sehen, wie Ihr Text erscheinen wird.

Trennzeichen
- [x] Tab   - [ ] Semikolon   - [ ] Komma
- [ ] Leerzeichen - [ ] Anderes:

- [ ] Aufeinanderfolgende Trennzeichen als ein
Zeichen behandeln

Texterkennungszeichen: "

Vorschau der markierten Daten

| 100 | 101 | 102 | 103 | 104 | 105 | 106 | 107 | 108 | 109 | 110 | 11 |

Abbrechen   < Zurück   Weiter >   Ende

Die Vorschau gibt Ihnen eine Eindruck von der Anordnung, wie sie in Excel zu erwarten ist. Beachten Sie, daß Sie noch die Möglichkeit haben, zu beeinflussen, mit welcher Zeile der Datenexport beginnen soll. Damit können Sie unnötige Textpassagen ausblenden.

Wenn Sie auf „weiter" klicken, erscheint der 3. Schritt des Textassistenten (siehe Bild 12-15). In der Regel behalten Sie das Standarddatenformat bei.

Bild 12-15:
Textassistent
Schritt 3

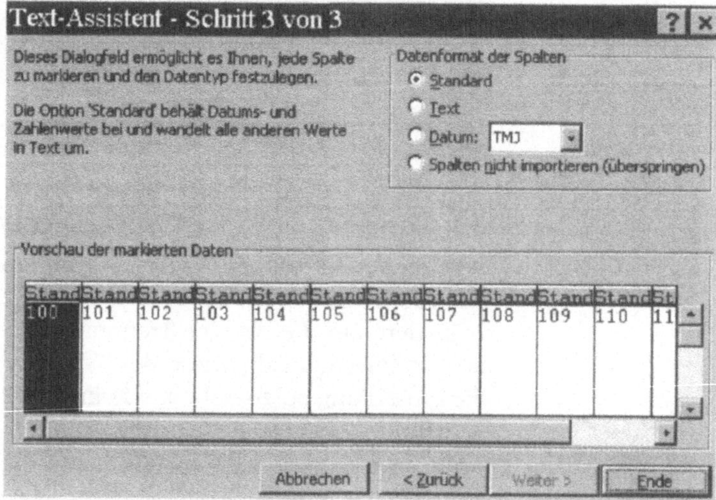

Bild 12-16:
Excel-
Tabellenblatt

Wenn Sie jetzt die Schaltfläche „Ende" anklicken und die Zuordnung der Trennzeichen richtig eingestellt haben, erhalten Sie ein Excel-Tabellenblatt wie in Bild 12-16 dargestellt.

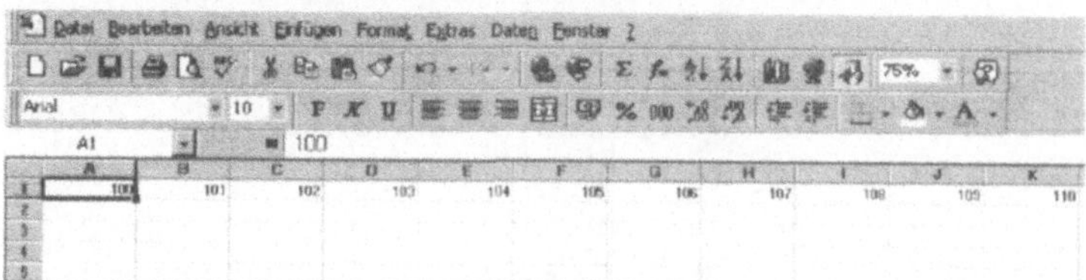

Leider besteht nicht die Möglichkeit, eine externe Datei zu einer vorhandenen Mappe dazu zu laden. Vielmehr legt Excel eine neue Mappe mit nur dem einen übertragenen Datensatz an. Wollen Sie diese Daten in einer anderen Arbeitsmappe verwenden, können Sie sie leicht dort hin kopieren.

Ein weiteres Beispiel zum Einlesen externer Dateien ist das Einlesen einer Meßdatei eines Multimeters mit Schnittstelle und der dazugehörigen Software. In unserem folgenden Beispiel haben wir die Entladung eines Kondensators mit einem Metex-Multimeter und der Win-Lab-Software aufgenommen. Die Kondensatorspannung wurde hierbei tabellarisch in Abhängigkeit von der Zeit erfaßt. Die von der Software erstellte Datei hat die Endung -.tab.

Um solche Dateien in Excel aufrufen zu können, klicken Sie auf die „Datei" „Öffnen" und wählen unter Dateityp „Alle Dateien" an. In unserem Fall wurde die Meßwertdatei unter Kondensator.tab abgespeichert. Nach dem Öffnen wird automatisch der Textassistent Schritt 1 von 3 gestartet (siehe Bild 12-13). Die zwei weiteren Schritte können, wie vom Assistenten vorgeschlagen, übernommen werden. In Bild 12-17 sehen wir die Rohdaten des Meßprogramms.

	A	B	C	D	E
1	TABELLE	01. Jan			
2	Tabelle				
3	Formel-	Beschre	ibung		
4	2				
5	3				
6	51				
7	18.00	V	16:09:17		
8	18.00	V	16:09:18		
9	18.00	V	16:09:18		
10	15.39	V	16:09:19		
11	15.39	V	16:09:19		
12	0.945	V	16:09:23		
13	0.945	V	16:09:23		
14	0.504	V	16:09:24		
15	0.504	V	16:09:24		
16	0.282	V	16:09:25		
17	0.282	V	16:09:25		
18	0.177	V	16:09:26		
19	0.177	V	16:09:26		

Um ein Diagramm erstellen zu können, müssen noch einige
Veränderungen vorgenommen werden. Die Zeilen 1 bis 6
können gelöscht werden, da diese nur meßinterne Daten
enthalten, ebenso die Spalte „B". Da Excel Zahlen, deren
Trennzeichen Punkte sind, nicht verarbeiten kann, müssen
die Punkte durch Kommas ersetzt werden. Markieren Sie dazu die Spalte „A" und wählen die Option „Ersetzen" (Bild 12-
18) im Menü „Bearbeiten".

Bild 12-18:
Dialogfeld
„Ersetzen"

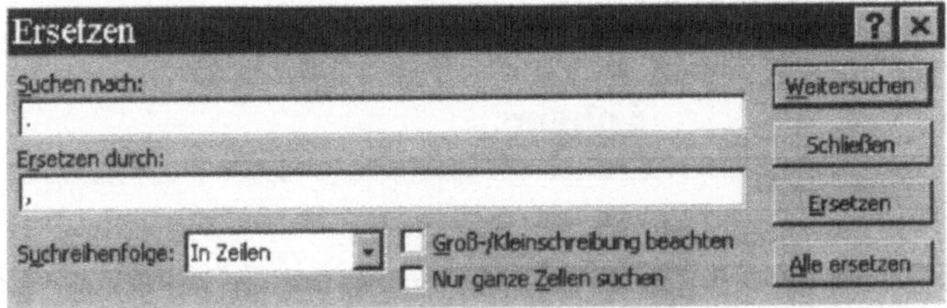

Für „Suchen nach" geben Sie einen Punkt ein und für „Ersetzen durch" ein Komma. Daraufhin klicken Sie auf „Alle ersetzen". Jetzt sind die Daten so aufbereitet, daß ein Diagramm wie im Bild 12-19 erstellt werden kann.

Bild 12-19:
Excel-Diagramm

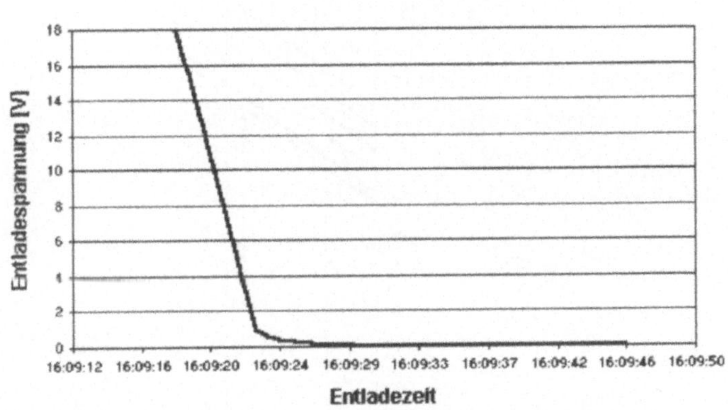

Wenn Sie mittlerweile sehr fit sind im Umgang mit Datenaufbereitung, Funktionen und Diagrammgestaltung, können Sie die Uhrzeit durch Sekundenangaben ersetzen.

Viel Spaß beim Exprimentieren!

13 Anhang

13.1 Dauerfestigkeitsschaubild (Goodman-Diagramm)

Patentiert gezogener Federstahldraht der Klassen C und D nach DIN 17 223 T1, kugelgestrahlt:

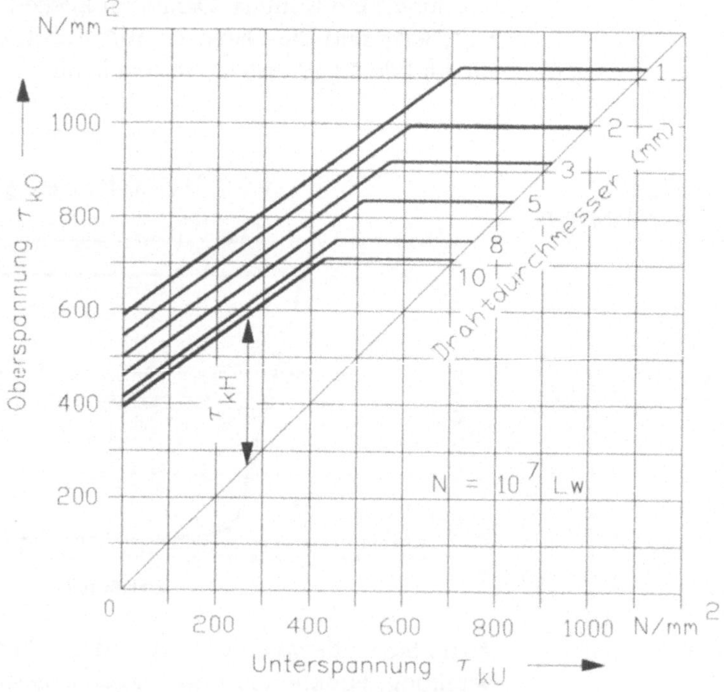

13.2   Theoretische Knickgrenze

Theoretische Knickgrenze von Schraubendruckfedern:

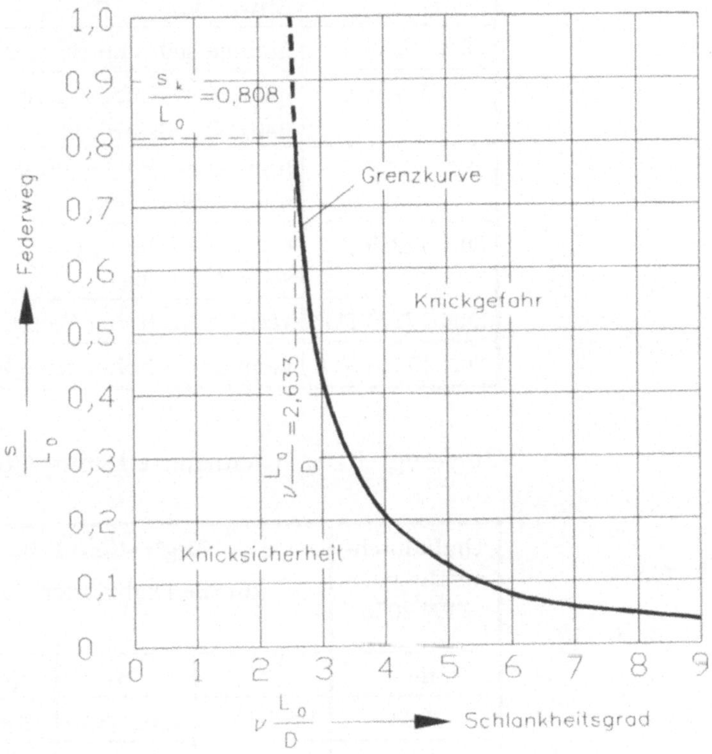

13.3 **Federdrähte**

Federdaten und Kennwerte

Sorte	Anwendung	G [N/mm2]
DIN 17223 A	geringe statische Belastung	81500
DIN 17223 B	mittlere statische / geringe dynamische Belastung	81500
DIN 17223 C	hohe statische / geringe dynamische Belastung	81500
DIN 17223 D	hohe statische / hohe dynamische Belastung	81500
DIN 17223 FD	vergütet zu hoher Zähigkeit	79500
DIN 17223 VD	vergütet zu hoher Zähigkeit	79500

Zugfestigkeit der Federdrahtwerkstoffe A bis D

Drahtdurchmesser nach DIN 2076	Zugfestigkeit R_m [N/mm²] für die Drahtsorten nach DIN 17 223			
mm	A	B	C	D
3,00	1410-1620	1360-1830	1840-2040	1840-2040
3,20	1390-1600	1610-1810	1820-2020	1820-2020
3,40	1370-1580	1590-1780	1790-1990	1790-1990
3,60	1350-1550	1570-1760	1770-1970	1770-1970
3,80	1340-1540	1550-1740	1750-1950	1750-1950
4,00	1320-1520	1530-1730	1740-1930	1740-1930

14   Literaturverzeichnis

- Roloff/Matek : Maschinenelemente, 13. Auflage 1994, Fr. Vieweg-Verlag, Braunschweig/Wiesbaden
- Excel - Handbücher

15 Stichwortregister

Ingenieurmathematik mit Computeralgebra-Systemen

AXIOM, DERIVE, MACSYMA; MAPLE, MATH-CAD, MATHEMATICA, MATLAB und MuPAD in der Anwendung

von Hans Benker

1998. 452 S. (Ausbildung und Studium) Br. DM 49,80 ISBN 3-528-05673-8

Aus dem Inhalt: Computeralgebra-Systeme, Programmierung, Lineare Algebra, Differential- und Integralrechnung, Differentialgleichungen, Optimierung, Wahrscheinlichkeitsrechnung und Statistik

Das Buch zeigt, wie man auf möglichst direktem Wege Aufgaben aus der Ingenieurmathematik mit einem der gängigen Computeralgebra-Systeme lösen kann.

Anhand zahlreicher Anwendungen werden auf beispielhafte Weise Projekte aus folgenden Gebieten der Ingenieurmathematik realisiert: Lineare Algebra, Differential- und Integralrechnung, Differentialgleichungen, Laplace- und Fouriertransformation, Optimierung, Wahrscheinlichkeitsrechnung- und Statistik, Grafische Darstellungen von Funktionen. Aus den praktischen Anwendungsbeispielen werden dem Leser dabei die Vorteile der jeweiligen Computeralgebra-Systeme ersichtlich. Über die reine Anwendung hinaus findet der Leser auch die Programmiermöglichkeiten inerhalb der betrachteten Computeralgebra-Systeme an einer Reihe von Beispielen illustriert..